黄河流域径流演变规律及洪涝风险评估

孙 鹏 张 强 马梓策 姚 蕊 程 鲒 著

科学出版社

北 京

内 容 简 介

全球气候变暖和土地利用/覆被变化的共同影响导致黄河流域水文循环发生显著改变，进而引起水资源供需矛盾、洪涝灾害频发，制约了黄河流域生态保护和高质量发展。本书以黄河流域为研究区，综合运用地理学、气象学、水文学和灾害学等多学科方法，借助水文模型和统计方法等，系统地研究气候变化和土地利用/覆被变化对黄河流域径流变化的影响，通过开展全球变暖背景下黄河流域气候变化预估，探究黄河流域未来洪涝风险，旨在为黄河流域水资源配置及洪涝灾害风险应对提供科学依据。

本书适合地理学、水文水资源、资源环境等相关专业的研究者使用，亦可供有关院校本科生和研究生阅读。

审图号：GS 京（2024）2429 号

图书在版编目（CIP）数据

黄河流域径流演变规律及洪涝风险评估 / 孙鹏等著. -- 北京 : 科学出版社, 2025. 8. -- ISBN 978-7-03-079690-5

Ⅰ. P331.3；P426.616

中国国家版本馆 CIP 数据核字第 2024K0A139 号

责任编辑：周　丹　沈　旭/责任校对：郝璐璐

责任印制：张　伟/封面设计：许　瑞

科学出版社 出版

北京东黄城根北街 16 号

邮政编码：100717

http://www.sciencep.com

北京天宇星印刷厂印刷

科学出版社发行　各地新华书店经销

*

2025 年 8 月第　一　版　开本：720×1000　1/16

2025 年 8 月第一次印刷　印张：9 1/4

字数：200 000

定价：109.00 元

（如有印装质量问题，我社负责调换）

前　言

由于多种大气过程和人类活动的影响，全球气候正在发生变化。在过去的一百年里，全球地表气温日益升高已经被大量的研究结果所证实。政府间气候变化专门委员会（Intergovernmental Panel on Climate Change，IPCC）在第六次评估报告中指出，2011～2020 年近地表均温比 1850～1900 年超出约 1.09℃（0.95～1.20℃），并进一步预估 2021～2040 年近地表均温比 1850～1900 年超出约 1.5℃。此外，2015 年 12 月为避免危险气候的影响，《联合国气候变化框架公约》制定了一个目标，将全球气候变暖限制为比工业化前水平高 1.5～2.0℃。在全球气候变暖的大背景下，预计水文循环将会加速，造成区域水文形势的改变，这对人身安全、农业发展和水环境调控等均有负面的影响，进而影响生态环境的高质量发展。气候变化主要通过降水和潜在蒸散量的变化来影响产流，尤其是极端径流。在全球气候变暖的大背景下，世界上 200 条主要河流中约有三分之一的河流流量发生了重大变化。自 21 世纪以来，中国海河、黄河和辽河的径流显著减少，加剧了流域水资源供需矛盾。此外，洪水量级通常会因全球气候变暖而增加，尽管一些区域的洪水量级有所下降。全球气候变暖下流域河川径流演变规律已然成为当前研究的前沿热点问题。

大量模拟研究已经证实，全球气候变暖将导致极端水文气候事件更加频繁发生，在未来变暖的情况下，预计世界各地，特别是南美洲、中东亚、南非和中国的极端降水风险将显著增加。在过去几十年中，中国各地极端水文气候事件的增加已导致数千人死亡，如 1998 年长江流域的洪水、2013 年中国东部的热浪、2018 年青藏高原东北部的极端降雪异常和 2021 年 7 月 20 日郑州极端暴雨事件等。此外，黄河网（http://www.yrcc.gov.cn）报道称 2021 年 8 月黄河流域干流及部分支流受强降雨的影响水位持续上升，花园口的天然洪水量超过 249 亿 m^3，共历时 47 天，形成 1949 年以来最严重的秋汛洪水。随着全球变暖程度的加剧，世界人口安全、健康、生计和水资源可用性将面临越来越多的危险。Hirabayashi 等预计全球潜在的洪水风险与变暖程度成正比，随着人口的增加，会有更大的威胁。相较于过去几十年，近年来极端气候事件带来的经济损失十分严重。

长期的气候变化是影响流域水文循环的主要原因，而短期的人类活动对流域水文循环也有一定的影响，人为干扰对径流的影响主要包括人为干扰对径流的直接影响和土地利用/覆被变化（land-use and land-cover change，LUCC）对径流的间接影响。其中，直接影响主要包括生活用水、农业耗水、流域间调水和水利工程建设；间接影响包括城市化、植树造林、退耕还林还草和耕地开垦对径流的影响，它们通过改变地表植被的截流、土壤渗透能力和地表蒸发等方式对流域水资源的形成、转化和时空配置产生影响，最终改变天然径流和极端径流的持续时间和/或强度。此外，水文循环过程是非线性的，并且人类活动的直接影响在很大程度上改变了天然径流和极端径流变化特征，降水量的变化很难转化为径流的变化，从而很难将水文变化和气候信号充分地联系在一起。为更好地理解黄河流域水文循环的变化，仅通过分析观测到的降水量和径流特征的统计分析方法显然是不全面的，需要一种新的方法或工具。可变下渗容量（variable infiltration capacity，VIC）模型可以独立计算流域内任意栅格点的产流，在流域尺度上的水文循环、水旱灾害防治、水资源评价与开发利用、气候变化和下垫面变化对水资源和水环境的影响等领域有广泛的应用。因此，基于水文模型开展气候变化和 LUCC 对径流和极端径流的定量影响研究，对于量化洪涝风险，适应和缓解未来风险至关重要。

在黄河流域气象水文过程研究中，有大量的重要科学问题亟须深入研究和探讨。本书作者长期关注黄河流域相关研究，对黄河流域区域水循环过程中极端气象水文事件开展了全面而系统的研究，先后在国家自然科学基金项目（项目编号：42041006、42271037）、国家重点研发计划项目“不同温升情景下区域气象灾害风险预估”（项目编号：2019YFA0606900）和安徽省领军人才团队“江淮流域关键地表过程的理论、技术与应用”等项目资助下，针对气候变化和人类活动影响，以及多源数据融合的黄河流域气候变化、水资源演变规律和洪灾风险评估，从气候变化和人类活动等角度揭示洪水形成机制，全面、系统、深入地开展了水文方面的研究，并在国内外学术期刊发表了一系列学术成果，受到国内外学者的广泛关注。本书正是基于上述研究成果，经过进一步梳理、分析、总结、提升而成，是作者对黄河流域径流演变规律及洪涝风险评估研究的阶段性成果总结。

本书的整体框架包含 7 个相互联系的章节。第 1 章，提出问题，明确研究背景和意义，通过梳理文献明确研究的主要内容与研究框架，并介绍黄河流域区域概况以及本书采用的数据基础和理论基础。第 2 章，基于 Cygwin 软件，通过气象资料、植被资料和土壤资料等建立黄河流域 VIC 模型，并验证其在黄河流域的适用性。第 3 章，通过数据分析，基于 Budyko 假设对黄河流域实测径流变化进行归因分析。第 4 章，考虑到黄河上游气象站分布不均的缺陷，基于统计评估的贝叶斯平均模型构建黄河流域多源降水融合产品，该产品能够更好地模拟黄河上游径流演变规律。第 5 章，通过数据分析，分析黄河流域气候变化的时空分布特征，然后基于第 2 章构建的黄河流域 VIC 水文模型，分析黄河流域（极端）天然径流的时空分布规律，并采用控制变量法探究气候变化和土地利用/覆被变化对黄河流域天然径流及极端径流的影响。第 6 章，基于最新的 CMIP6 全球气候模式预估全球变暖背景下黄河流域的气候变化。第 7 章，综合气候变化和土地利用/覆被变化对黄河流域天然径流的影响，基于 VIC 水文模型预估全球变暖和 LUCC 共同影响下的黄河流域径流演变规律，结合社会经济资料揭示未来不同 SSP 情境下黄河流域的洪涝风险。

虽然作者对黄河流域径流演变规律及洪涝风险评估等方面进行了深入的分析，但由于自身水平和条件的限制以及黄河流域独特的地理位置条件，书中疏漏或片面性内容在所难免，敬请各位专家和读者批评指正。

目　　录

第1章　绪　　论

1.1　研究背景及意义

黄河下游是地上悬河，黄河下游周围的河流无法流入干流，洪涝灾害发生时更难疏通，从而导致河渠淤塞、良田沙化、生态环境恶化等一系列无可估量的严重后果。气候条件方面，从西北向东南，黄河流域穿过中国北方的干旱、半干旱和半湿润地区，年平均气温（降水量）表现出空间异质性，从 4℃（368mm）到 14℃（670mm）（Yang et al., 2010），且降水频繁、局地极端性强、降水落区重叠度高、编号洪水多，因而极易受到极端高径流事件的影响，这对生态保护和经济发展造成了负面影响（Zhang et al., 2009, 2018; Wang et al., 2021）。暴雨和连续降水是黄河上游频繁发生地质灾害、中下游发生洪水的主导因素（兰恒星等, 2022）。例如，2021 年 10 月山西省特大洪灾致全省 11 个市 76 个县（市、区）175.71 万人受灾，12.01 万人紧急转移安置，284.96 万亩[①]农作物受灾，1.7 万余间房屋倒塌。连续降水和上游来水导致汾河运城段遭遇近 40 年来最大洪峰，洪灾导致当地农作物减产，危及公共安全。在过去 2500 年中，黄河下游遭受了严重的洪水，1500 多处堤坝决口和 26 次改道，给河岸边的人们带来了严重的灾难（Tian et al., 2016）。此外，2021 年中共中央、国务院印发的《黄河流域生态保护和高质量发展规划纲要》提出，加强上游水源涵养能力建设，加强中游水土保持，推进下游湿地保护和生态治理，加强全流域水资源节约集约利用，全力保障黄河长治久安。黄河全长约 5464km，其流域总面积约 752443km^2，约占我国总面积的 8%，是世界农业的重要起源地之一，2020 年农产品总产值高达 8167 亿元，约占全国总产值的 36.2%，黄河流域耕地面积约为 3.82 亿亩，约占我国耕地总面积的 19.9%（张会言等, 2013）。近 30 年来黄河流域每年的农产品产量都保持着增长的趋势，但水资源分配严重不均对该流域农产品生产带来负面影响，是该流域面临的最主要问题，随着黄河流域内人口数量不断增加和社会经济的快速发展，这个问题日益严重。全球气候变暖加剧了黄河流域水资源供需矛盾，制约了黄河流域社会经济的高质量发展。

因此，面向国家重大战略需求，开展气候变化和土地利用/覆被变化（land-use and land-cover chang, LUCC）下黄河流域天然径流及极端径流变化的响应机制研

① 1 亩≈666.67m^2。

究，揭示全球变暖和 LUCC 共同影响下的黄河流域径流及极端径流演变规律，量化特大洪涝下的人口经济暴露度风险，对于保障生命财产安全、公共卫生安全和水资源安全，促进人地协调关系，具有重要的战略意义。

1.2　黄河流域自然资源概况

黄河流域[图 1-1（a）]地处我国北方地区，干流全长约 5464km，地理范围介于东经 95°53′～119°05′，北纬 32°10′～41°50′，东西方向最大长度约为 1900km，南北最大宽度约为 1100km，集水面积约为 75.24 万 km^2，是世界第五大河和中国第二大河，被视为“中国母亲河”（Gao and Wang, 2017）。黄河流域平均海拔为 1878.24m，但是流域内海拔差异极大（–12～6241m）。黄河发源于青藏高原，东经内蒙古高原、黄土高原和黄淮海平原，最终流入渤海（解晗等, 2022）。黄河上游主要是山地，中下游多是平原和丘陵；黄河流域中游拥有世界上黄土覆盖面积最大的黄土高原，下游是黄淮海平原，易产生大量的泥沙堆积，形成举世闻名的地上悬河。

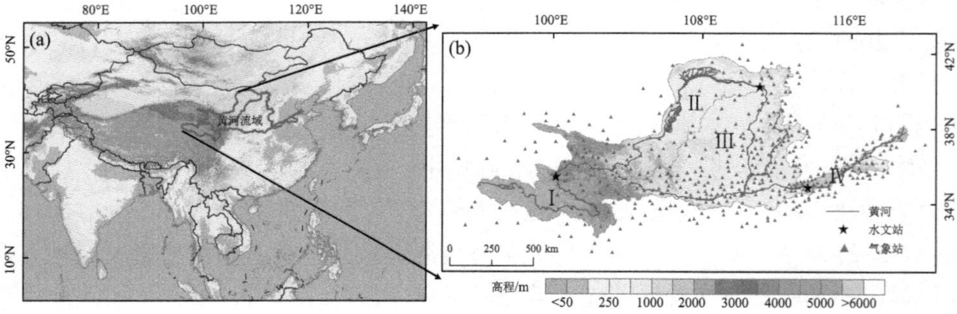

图 1-1　黄河流域基础地理概况

区域 I 是黄河源区，II 是黄河流域上游， III 是黄河流域中游，IV 是黄河流域下游

黄河流域长期受大气环流和季风环流的影响，存在明显的气候差异。东南部黄河流域下游属于半湿润气候，中部黄河流域中游属于半干旱气候，西北部黄河流域上游属于干旱气候，西南部黄河源区属于内陆高寒湿润或半湿润气候（王澄海等, 2022）。黄河流域降水量分布极其不均匀，年均降水具有东丰西枯、南丰北枯的空间格局（赵慧霞等, 2022）。黄河流域四季均温均呈现东南高、西北低的空间分布（潘攀等, 2014），年均温热点区主要分布在黄河流域中下游区域，低值区主要分布在源区（王胜杰等, 2021）。此外，黄河流域潜在蒸散量较大，年平均潜在蒸散量为 700～1800mm。潜在蒸散量最大的区域位于甘肃、宁夏和内蒙古中西部的干旱半干旱地区，最高可达 2500mm。水资源先天不足是黄河流域又一大特征。黄河流域水资源的总体特点是水少、沙多、水沙异源、水沙关系不协调（孙

思奥和汤秋鸿, 2020)，多年平均天然径流约为 535 亿 m^3，是长江流域天然径流的 1/16。黄河流域支流主要包括无定河、渭河、伊洛河、汾河和沁河等。

黄河流域植被类型丰富，主要的植被类型为草地、耕地、林地和灌木，其他类型植被包括裸地、湿地、苔原等。此外，从东部海滨到西部源头共跨越四个植被地带：落叶阔叶林带、草原带、荒漠带、青藏高原带。流域内还分布着三北防护林、黄河中游防护林和太行山绿化等生态建设工程，通过长期以来在黄河流域开展水土保持生态建设工程，黄河流域的生态环境得到有效改善，近年来植被覆盖度不断提高（刘海等, 2021）。黄河流域土壤多是原生黄土和次生黄土，土质肥沃疏松，土壤结构优良，储水和排水能力强，养分和水分易上升并为农作物所利用。与长江流域相比，黄河流域的地下水位较低，加上土壤渗水性好，方便灌溉，且不易形成长时间的洪涝。

1.3　数据基础

1.3.1　地面观测气象数据

本书所涉及的地面观测气象数据是由国家气候中心（National Climate Center, NCC）提供的 504 个气象站点（包括黄河流域范围内的 320 个气象站点和黄河流域附近的 184 个气象站点）的逐日气象要素数据，但事实上黄河流域各气象站点建立的时间存在一定差异，且每个站点记录数据中的缺测值和时间都不一样。为了使研究结果更加准确可靠，本书使用的气象站点必须同时满足以下五个条件：①总数据观测时段必须在 1961～2019 年；②每一年缺失数据的比例不能够超过该年数据的 10%；③整体数据缺失的比例不得超过总时间序列的 1%；④检查时间的一致性和连续性；⑤检查空间的一致性和连续性（Shen et al., 2014）。对观测站点中的错误数据（如异常大的值）或缺失进行线性插补，每年通过严格质量控制，最终选取 493 个满足以上条件的黄河流域范围内（312 个）和附近（181 个）的观测站点，并将时间都统一为 1961 年 1 月 1 日～2019 年 12 月 31 日，站点具体的位置分布如图 1-1（b）所示。

1.3.2　水文资料

本书所使用的径流数据包括两部分：①1976～1985 年唐乃亥、头道拐和花园口水文站的逐日径流观测数据；②1966～1985 年唐乃亥、头道拐和花园口水文站的逐月天然径流资料。该资料来源于水利部黄河水利委员会（http://www.yrcc.gov.cn/），消除了水库蓄水、灌溉、人工取用水等水资源开发利用对河川径流的影响（李东等, 2001）。在黄河流域开展天然径流还原计算具有重要的现实意义，主要源于其水资源开发利用率已超过 80%，高强度的人类活动导致天然径流特征发生显著改变。通过径流还原可准确评估流域水资源本底值，为科学制定生态保护和高质量发展策略提供基础支撑。因此必须对径流进行还原，才能反映黄河河川流量的真实情况，以更好地揭示气候变化和 LUCC 对黄河流域天然径流及极端径流的影响，后文提到的径流均为天然径流。

1.3.3 多源降水产品

为了降低降水产品模拟的不确定性，本书选取 6 种质量较好且具有代表性的降水产品来进行多源降水产品融合。其中，CHIRPS（Version 2.0，https://data.chc.ucsb.edu/products/）和 CPC（https://psl.noaa.gov/data/gridded/）代表卫星影像与原位（in-situ）站点数据融合的降水产品，结合地形效应对数据进行优化并实施质量控制，形成了具有高准确性和一致性的降水产品（Xie et al., 2007; Funk et al., 2015）；TRMM-3B42（https://disc.gsfc.nasa.gov/datasets/）是目前卫星降水产品的典型代表，而 GPM（https://disc.gsfc.nasa.gov/）是美国国家航空航天局主导的 TRMM 的后续全球卫星降水观测计划（Huffman, 1997; Huffman et al., 2014）；PERSIANN-CDR（https://www.ncei.noaa.gov/data/）则代表机器学习算法反演的降水，它基于地球同步卫星提供的红外亮温数据，使用人工神经网络估算降水率（Ashouri et al., 2015）；ERA5（https://cds.climate.copernicus.eu/）是欧洲中期天气预报中心（European Centre for Medium-Range Weather Forecasts, ECMWF）推出的新一代再分析数据，空间分辨率为 0.1°×0.1°，采用了 IFS-Cycle4lr 2（第四代全球模式系统）和四维变化数据同化系统，以及辐射变分偏差校正技术，系统地提升了数据集的质量，与月平均 GPCP（全球降水气候计划，Global Precipitation Climatology Project）数据相比，在降水方面全球平均相关系数从 0.67 提高到了 0.77（Hersbach et al., 2020）。6 种降水产品的具体信息见表 1-1。本书采用双线性内插法把各套栅格降水产品重采样到 0.1°×0.1°，采用该方法得到的栅格降水产品能很好地反映原数据所具备的空间特征。

表 1-1 多源降水产品信息

降水产品	时间分辨率	空间分辨率/（°）	数据起始时间	参考文献
CHIRPS	d	0.05	1981 年	Funk et al.（2015）
CPC	d	0.5	1979 年	Xie et al.（2007）
TRMM-3B42	3h	0.25	1998 年	Huffman（1997）
GPM	0.5h	0.1	2000 年	Huffman et al.（2014）
PERSIANN-CDR	d	0.25	1983 年	Ashouri et al.（2015）
ERA5	1h	0.1	1950 年	Hersbach et al.（2020）

1.3.4　全球气候模式（GCMs）数据

考虑到 CMIP6 GCMs 在气候变化预估的一致性，本书仅选择 27 个 GCMs 中包含第一个成员（r1i1p1f1），并确保每个 GCMs 中都包含每日最高温度、每日最低温度、每日平均温度、每日降水量和每日平均风速等五个气候变量，最终筛选出符合条件的 9 种 GCMs。它们的详细信息提供在 https://esgf-node.llnl.gov/网站上，基本信息如表 1-2 所示。此外，相较于 CMIP5 中的典型浓度路径（RCP），CMIP6 能够更好地反映社会未来面临的适应和缓解气候变化的挑战。由于 9 种选定的 GCMs 空间分辨率存在差异，采用双线性内插法将 9 种 CMIP6 GCMs 重采样到统一的分辨率（0.25°×0.25°）。此外，各研究机构开发的 CMIP6 模型对未来气候变化的预测具有一定差异性，多模型集合平均（MME）方法可以避免单一模式的偏差问题（Ma et al., 2022）。

表 1-2　CMIP6 全球气候模式

编号	模式	机构	国家	分辨率
1	ACCESS-CM2	CSIRO-BOM	澳大利亚	1.25°×1.875°
2	BCC-CSM2-MR	BBC	中国	1.125°×1.125°
3	CanESM5	CCCma	加拿大	2.81∘×2.81°
4	CMCC-ESM2	CMCC	意大利	1.25°×0.94°
5	GFDL-ESM4	NOAA-GFDL	美国	1.25°×1.00°
6	IPSL-CM6A-LR	IPSL	法国	2.50°×1.26°
7	MIROC6	JAMSTEC	日本	1.40°× 1.40°
8	NorESM2-LM	NCC	挪威	2.50°×1.895°
9	NESM3	NUIST	中国	1.25°×1.875°

注：CSIRO-BOM 为澳大利亚联邦科学与工业研究组织（CSIRO）和澳大利亚气象局（BOM）的联合机构；BBC 为中国气象局；CCCma 为加拿大环境部；CMCC 为地中海气候变化研究中心；NOAA-GFDL 为美国国家海洋和大气管理局地球流体动力学实验室；IPSL 为皮埃尔-西蒙·拉普拉斯研究所；JAMSTEC 为日本海洋研究开发机构；NCC 为挪威环境科学研究所；NUIST 为南京信息工程大学。

1.3.5　土地利用/覆被变化（LUCC）数据

1. 历史时期 LUCC

本书使用的历史时期 LUCC 包括 1980 年、1990 年、2000 年、2010 年和 2020 年共 5 期，数据来源于中国科学院资源环境科学数据平台（https://www.resdc.cn/）。该数据集共有 6 个一级 LUCC 分类和 25 个二级 LUCC 分类（表 1-3）。其中，1980 年 LUCC 用于构建黄河流域 VIC 模型，1990 年、2000 年、2010 年和 2020 年 LUCC

用于探讨气候变化和 LUCC 对黄河流域径流及极端径流的影响，2010 年、2020 年 LUCC 用于 FLUS 模型模拟未来 LUCC。所有应用的 LUCC 数据均保持 0.0083°×0.0083°的分辨率，通过该空间分辨率的 LUCC 数据可以获得 0.25°×0.25°每个栅格内的植被分布情况，包括植被类型个数、植被根系分布和叶面积指数等基本信息。

表 1-3　LUCC 类别对照关系

一级分类	历史时期 LUCC	未来时期 LUCC
耕地	11 水田 12 旱地	9 耕地
林地	21 有林地 22 灌木林 23 疏林地 24 其他林地	1 常绿阔叶林 2 落叶阔叶林 3 常绿针叶林 4 落叶针叶林 5 混交林 6 灌丛
草地	31 高覆盖草地 32 中覆盖草地 33 低覆盖草地	7 草地
水域	41 河渠 42 湖泊 43 水库坑塘 44 永久性冰川雪地 45 滩涂 46 滩地	8 湿地 10 水体 11 冰雪
不透水面	51 城镇用地 52 农村居民用地 53 其他建设用地	12 建设用地
未利用土地	61 沙地 62 戈壁 63 盐碱地 64 沼泽地 65 裸土地 66 裸岩石质地 67 其他	13 裸露或稀少植被覆盖

2. 未来时期 LUCC

本书使用的未来时期LUCC包括SSP126、SSP245和SSP585情景下的2020年和2050年共6期，分辨率均为0.1°×0.1°，该数据是基于政府间气候变化专门委员会（Intergovernmental Panel on Climate Change, IPCC）2020年发布的CMIP6 SSP126、SSP245和SSP585的GCMs数据，结合SSP-RCP情景、相关地面观测气象数据、人口、国内生产总值（GDP）、交通数据、2020年的LUCC和相关政策参考，分别模拟2020年、2030年、2040年和2050年欧亚大陆LUCC数据（Yue et al., 2007, 2020; Fan et al., 2015, 2020; Fan and Bai, 2021; Fan, 2022）。另外，该未来时期LUCC和历史时期LUCC的分类系统不一致，因此必须令该两套LUCC分类系统保持一致，共划分为6个一级LUCC分类，包括耕地、林地、草地、水域、不透水面和未利用土地（表1-3）。

1.3.6 人口和GDP资料

由ISI-MIP网站获取SSP2（2010～2100年）情景下的人口和GDP数据，空间分辨率为0.5°×0.5°，该数据集积累了历史时期人口的生育率、死亡率、迁移率、经济的资本存量、劳动参与率、全要素生产率等关键要素数据，在SSP的全球框架下建立不同情景的本地化参数体系，开展2100年前的逐年人口和GDP预估研究（Huang et al., 2019; Jing et al., 2020）。在本书中，还采用中国科学院资源环境科学数据平台的2010年人口和GDP栅格数据，来源于https://www.resdc.cn/。其中，2010年数据作为基准期人口和GDP。为了使SSP2情景下的人口和GDP栅格数据更接近于真实值，首先采用邻近像元法将未来人口和GDP栅格数据重采样至0.0083°×0.0083°，其次利用基准期和SSP2情景下的2010年人口和GDP栅格数据来计算变化系数，再通过变化系数对全球变暖1.5℃、2.0℃和3.0℃情景下的多年平均人口和GDP栅格数据进行校正。

1.3.7 其他辅助资料

1. 数字高程模型

数字高程模型（digital elevation model, DEM）来源于地理空间数据云（Geospatial Data Cloud, http://www.gscloud.cn/），空间分辨率为90m×90m，用于提取主要流域信息，构建黄河流域VIC模型的重要输入数据和FLUS模型的自然驱动因子。此外，本书中的坡度也基于DEM并通过ArcGIS软件表面分析计算得到。

2. 河流矢量线

河流矢量线来源于中国科学院资源环境科学数据平台（https://www.resdc.cn/）一级河流到三级河流矢量数据，经裁剪处理获得黄河流域河流矢量线，主要用于获取 FLUS LUCC 模拟中河流距离自然驱动因子，基于 ArcGIS 软件欧氏距离工具计算得到。

3. 土壤数据

土壤数据主要用来定义 VIC 模型栅格单元土壤的物理化学性质。黄河流域的土壤参数设定根据世界土壤数据库（Harmonized World Soils Database, HWSD; http://gaez.fao.org/pages/hwsd），该数据库基于 FAO-90 分类标准，空间分辨率为 0.0083°×0.0083°（Wieder and Boehnert, 2014），再参考中国土壤数据集，获取田间持水量、饱和导水率等参数（Wei et al., 2013; Zhu et al., 2021），而热阻尼深度、裸土表面粗糙度等参数依据联合国粮食及农业组织（Food and Agriculture Organization of the United Nations, FAO）数据集获取（Nijssen et al., 2001）。此外，土壤数据在 FLUS LUCC 模拟中作为自然驱动因子。

4. 城市中心及道路（高速公路、铁路和国道）矢量线

该数据集来源于 OpenStreetMap（https://download.geofabrik.de/），主要用于生成 FLUS LUCC 模拟中的社会经济驱动因子，包括城市中心距离、高速公路距离、铁路距离和道路距离。

1.4 理论基础

1.4.1 可变下渗容量（VIC）模型

可变下渗容量模型（variable infiltration capacity），又叫“VIC 模型”，最早由 Wood 等（1992）研发，但仅考虑一层土壤，之后 VIC 模型由华盛顿大学、加利福尼亚大学伯克利分校和普林斯顿大学在 Wood 等的基础上进一步研发，Liang 等（1994）将该模型升级为 VIC-2L 模型，增加薄土层后演变为如今的 VIC-3L 模型。VIC-3L 模型的优势在于同时考虑蓄满产流和超渗产流机制（Xie et al., 2003），兼顾能量平衡和水量平衡，并能够很好地刻画每个栅格处的 LUCC 类型、土壤蓄水能力和气候变化的空间异质性等诸多方面，因此该模型在各流域的水资源反演和土壤含水量反演等领域有广泛的应用（管晓祥等, 2019; 孙赫和苏凤阁, 2020; 王一冰等, 2021）。

图 1-2 为 VIC-3L 模型原理示意图，VIC 水文模型考虑到次网格内的地面植被

类型、土壤蓄水能力空间分布的不均匀性，将陆地表面划分为 n 种植被类型，由该植被类型的叶面积指数、叶面气孔阻抗和根系在不同土壤深度的分配比例确定最终的陆面覆盖类型（陈亮, 2011）。每个陆面覆盖类型对土壤输入水分存在差异，因此 VIC-3L 模型可以反演每种陆面覆盖类型的下渗、土壤含水量、基流和地表径流，累计得到网格总的能量收支。

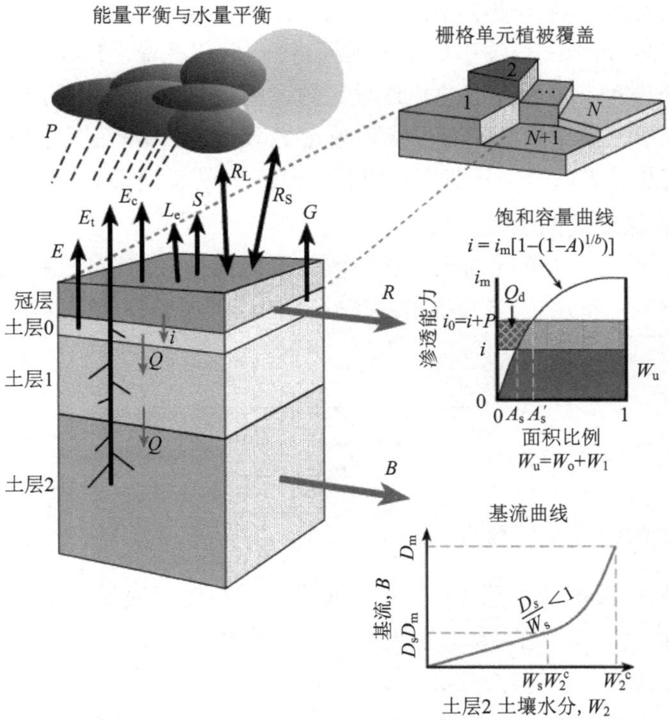

图 1-2　VIC-3L 模型原理示意图（陈亮, 2011）

1. 能量平衡方程

能量平衡方程利用地表的能量平衡和土壤的热属性迭代计算地表温度，并通过蒸发潜热和水量平衡方程相联结。能量平衡计算公式如下：

$$R_n = H + \rho_{\mathrm{w}} L_{\mathrm{e}} E + G \tag{1-1}$$

$$R_n = (1-a)R_{\mathrm{S}} + \varepsilon(R_{\mathrm{L}} - \sigma T_{\mathrm{S}}^4) \tag{1-2}$$

$$H = \frac{\rho_{\mathrm{a}} c_p}{r_{\mathrm{h}}}(T_{\mathrm{S}} - T_{\mathrm{a}}) \tag{1-3}$$

$$G = \frac{k}{d_1}(T_{\mathrm{S}} - T_1) \tag{1-4}$$

$$\frac{C_s(T_1^+ - T_1^-)}{2\Delta t} = \frac{G}{d_2} = \frac{k(T_1 - T_2)}{d_2^2} \tag{1-5}$$

式中，R_n为净辐射（辐射平衡）；H为感热（显热）通量；ρ_w为液态水的密度；L_e为汽化潜热；E为蒸发速率；$\rho_w L_e E$为潜热通量；G为地表热通量；T_a为大气温度；ρ_a为大气在常压下的密度；c_p为空气的比定压热容；r_h为热能的空气动力学阻抗；a为第n种地表类型的反射率；ε为第n种地表类型的辐射系数；R_S为短波辐射；R_L为大气长波辐射；σ为斯特藩-玻尔兹曼（Stefan-Boltzmann）常数；T_S为地表温度；k为土壤的热传导系数；d_1为土壤表层和第二层土壤厚度之和；d_2为第二层土壤厚度与第三层土壤厚度之和；T_1为d_1深度处的土壤温度；C_s为土壤的热容量；T_1^+、T_1^-分别为时段初、末在土壤层d_1处的温度；Δt为研究的时间；T_2为d_2深度处的土壤温度。

计算时k和C_s在不同的土壤层处取相同的数值（当前认为不随土壤水量变化）。由式（1-4）和式（1-5）得出地表热通量：

$$G = \frac{\frac{k}{d_2}(T_S - T_2) + \frac{C_s d_2}{2\Delta t}(T_S - T_1^-)}{1 + \frac{d_1}{d_2} + \frac{C_s d_1 d_2}{2\Delta t}} \tag{1-6}$$

2. 实际蒸散量计算模型

VIC-3L 模型根据裸土蒸发、植被蒸腾和冠层截留蒸发量，按面积权重累计计算实际蒸散量。首先，冠层截留蒸发量（E_c）计算公式如下：

$$E_c = \beta \mathrm{ET}_0 \tag{1-7}$$

式中，β为与冠层截留总量和冠层的最大截留量比值相关的折减系数；ET_0为彭曼-蒙蒂思（Penman-Monteith）公式计算的潜在蒸散量。其次，植被蒸腾（E_t）计算公式如下：

$$E_t = \left(1 - \frac{w_i}{w_{im}}\right)\frac{r_w}{r_w + r_0 + r_c}\mathrm{ET}_0 \tag{1-8}$$

$$r_c = \frac{r_{oc} g_{sm}}{\mathrm{LAI}} \tag{1-9}$$

$$g_{sm} = \begin{cases} 1, & w_j \geqslant w_j^{cr} \\ \dfrac{w_j - w_j^{w}}{w_j^{cr} - w_j^{w}}, & w_j^{w} \leqslant w_j < w_j^{cr} \\ 0, & w_j < w_j^{w} \end{cases} \tag{1-10}$$

式中，w_i为冠层的截流总量；w_{im}为冠层的最大截流量（mm/d）；r_w为水分传输的空气动力学阻抗（S/m）；r_0为由叶表面和大气湿度梯度之间的差异引起的表面蒸发阻力（S/m）；r_c为叶面气孔阻抗（S/m）；LAI为叶面积指数；r_{oc}为最小叶面气孔阻抗；g_{sm}为土壤湿度压力系数；w_j为第j层（j=1，2）土壤水分含量；w_j^{cr}为不被土壤水分影响的蒸腾临界值；w_j^{w}为凋萎土壤水分含量。蒸腾是由根系在上层和下层的分配比例f_1、f_2来确定的。最后，裸土蒸发（E_s）计算公式如下：

$$E_s=\begin{cases}\mathrm{ET}_0, & \text{表面有积水}\\ \alpha\mathrm{ET}_0, & \text{表面无积水}\end{cases} \tag{1-11}$$

式中，α为折减系数，它考虑了土壤的实际含水量和最大含水量的空间分布不均匀性，是土壤湿度的函数。

3. *产流计算模型*

VIC-3L模型参照新安江水文模型提供的蓄水容量曲线来直接计算产流量，仅限于中间层（第二层）土壤。中间层土壤的最大土壤含水量为W_1^c。

$$W_1^c=\frac{i_m}{1+b_i} \tag{1-12}$$

式中，i_m为入渗能力的最大值；b_i为第i层可变下渗能力幂次分布曲线。

当降水量大于土壤含水量时，裸土部分的产流量产生，其计算公式为

$$Q_d\Delta t=\begin{cases}P\Delta t-W_2^c+W_2^-, & i_0+P\Delta t\geqslant i_m\\ P\Delta t-W_2^c+W_2^-+W_2^c\left(1-\dfrac{i_0+P\Delta t}{i_m}\right)^{1+b}, & i_0+P\Delta t\leqslant i_m\end{cases} \tag{1-13}$$

式中，W_2^-为第二层土壤初始含水量；W_2^c为第二层土壤的饱和含水量；P为降水量；b为饱和容量曲线的形状参数；i_0为蓄水容量。

在无植被截留的裸土部分，第二层土壤的水量平衡方程公式如下：

$$W_2^+=W_2^-+(P-Q_d-Q_{12}-E_1)\Delta t \tag{1-14}$$

式中，W_2^+为第二层土壤终端含水量；E_1为上层土壤蒸腾量；Q_d为上层土壤的直接径流；Q_{12}为时段内由于重力作用从第二层到第三层土壤的下渗量，计算公式为

$$Q_{12}=K_S\left(\frac{W_1-\theta_r}{W_2^c-\theta_r}\right)^{\frac{2}{B_P}+3} \tag{1-15}$$

式中，θ_r为土壤残留水分；K_S为饱和渗透系数；W_1为上层土壤含水量；B_P为土壤孔隙大小分布指数，计算植被覆盖部分的产流量时，只要预先将植被的最大截留部分减去即可。

4. 基流计算模型

在 VIC-3L 模型中，基流仅在第三层土壤中形成，应用 Arno 概念模型计算基流（Q_b）：

$$Q_b=\begin{cases}\dfrac{D_sD_m}{W_sW_2}W_3^-, & 0\leqslant W_2^-\leqslant W_sW_3^c\\ \dfrac{D_sD_m}{W_sW_2}W_3^-+\left(D_m-\dfrac{D_sD_m}{W_s}\right)\left(\dfrac{W_3^--W_sW_3^c}{W_3^c-W_sW_3^c}\right)^2, & W_2^->W_sW_3^c\end{cases}\tag{1-16}$$

式中，D_m 为最大基流；D_s 为 D_m 的一个比例系数；W_3^c 为第三层土壤的最大含水量；W_s 为 W_3^c 的一个比例系数，满足 $D_s<W_s$；W_2 为第二层土壤含水量；W_3^- 是第三层土壤初始的土壤含水量。

第三层土壤的水量平衡方程就可以表示为

$$W_3^+=W_3^-+(Q_{12}-Q_b-E_2)\Delta t\tag{1-17}$$

式中，E_2 为第二层土壤蒸腾量；W_3^+ 为时段末的第二层土壤含水量（mm）。

模型通过面积加权平均各种植被覆盖下的产流和基流计算网格上的产流和基流。

5. 土壤水计算模型

VIC-3L 模型三层土壤垂直方向的一维土壤水运动采用理查兹（Richards）方程阐释，各土壤层之间的水汽通量遵守达西（Darcy）定律。控制土壤层湿度变化的方程如下：

$$\frac{\partial\theta_1}{\partial t}z_1=P-R-E-K(\theta)\bigg|_{-z_1}-D(\theta)\frac{\partial\theta}{\partial z}\bigg|_{-z_1}$$

$$\frac{\partial\theta_2}{\partial t}z_2=P-R-E-K(\theta)\bigg|_{-z_2}-D(\theta)\frac{\partial\theta}{\partial z}\bigg|_{-z_2}$$

$$\frac{\partial\theta_2}{\partial t}\cdot(z_3-z_2)=P-R-E-K(\theta)\bigg|_{-z_2}-D(\theta)\frac{\partial\theta}{\partial z}\bigg|_{-z_3}-Q_b\tag{1-18}$$

式中，P 为地面降水；R 为产流量；E 为蒸发量；Q_b 为基流；θ 为土壤含水量；z_i 为第 i 层（i=1, 2, 3）土壤深度；$D(\theta)$ 为水力扩散度；$K(\theta)$ 为水力传导度。

1.4.2 基于统计评估的贝叶斯平均模型

贝叶斯平均模型（Bayesian model averaging, BMA）是一种统计后处理方法，在水文领域最早应用于水文气象预报及其不确定性评估，它依赖所有集合预报成员，而不是单一的“最优”预报模式，通过考虑多成员内部的不确定性从而改进预报结果。BMA 依赖所有集合预报成员，某种预报成员区域模拟效果不佳会影响整体预报结果，因此本书提出基于统计评估的 BMA，通过组合不同产品的最优权重，得到长时间序列的降水资料过程，以期提高地面观测站缺测地区的降水精度（Ma et al., 2023）。

考虑到降水的年内变化差异，采用率定的观测期各月的站点降水值和各降水产品模拟值，率定相应站点的 BMA 模型，令 S 为日降水，R=[D，O]表征模型输入数据（其中 D 为率定站点对应降水产品模拟值的时间序列，O 为率定站点的实测时间序列），f= [$f_1,f_2,\cdots,f_n$]为 n 个降水产品的输出结果，由贝叶斯全概率公式可得 S 的概率密度函数如下：

$$p(S \mid R) = \sum_{i=1}^{n} p(f_i \mid R) p_i(S \mid f_i, R) \tag{1-19}$$

式中，$p_i(S \mid f_i, R)$ 为第 i 个降水产品 f_i 在给定数据 R 的条件下模拟值 S 的概率密度函数；$p(f_i \mid R)$ 为给定率定站点模拟值 R 时第 i 个降水产品的后验概率密度函数，它表征该降水产品模拟值的优劣，且 n 个降水产品的后验概率总和为 1。BMA 方法的实质是采用后验概率作为权重，对不同降水产品下的 $p(f_i \mid R)$ 加权平均，其中降水产品精度较高的模式得到的权重值相对更大。

其次，BMA 方法可以通过各降水产品偏差校正效果的相对贡献来优选相应权重，最终输出的降水产品时间序列是各降水产品时间序列的加权平均结果，当降水服从正态分布时，基于正态线性分布假设推导 BMA 方法的公式如下：

$$E(S \mid R) = \sum_{i=1}^{n} p(f_i \mid R) E[g(S \mid f_i, \sigma_i^2)] = \sum_{i=1}^{n} w_i f_i \tag{1-20}$$

式中，$g(S \mid f_i, \sigma_i^2)$ 表示均值为 f_i、方差为 σ_i^2 的正态分布；E 为函数期望值；w_i 为第 i 个降水产品的权重。

BMA 模型待求的参数设为 $\theta = \{w_i, \sigma_i^2, i = 1,2,\cdots,n\}$，首先通过博克斯–考克斯（Box-Cox）函数将地面观测值和各降水产品的模拟值进行正态转换，再将 θ 似然函数的对数形式表示如下：

$$l(\theta) = \ln(p(S \mid R)) = \ln\left(\sum_{i=1}^{n} w_i g(S \mid f_i, \sigma_i^2)\right) \tag{1-21}$$

式（1-21）难以直接求解，可采取期望最大化（EM）算法得到收敛的极大似然值，从而求得 $\theta = \{w_i, \sigma_i^2, i = 1,2,\cdots,n\}$ 的数值解。在 EM 算法中，首先定义隐藏变量 z_i^t，具体迭代步骤如下。

（1）初始化（设迭代次数 Iter=0），给定各模式的初始权重和方差：

$$w_{i0}=1/i,\sigma_{i0}^2=\sum_{i=1}^{n}\sum_{t=1}^{\mathrm{NT}}\left[(O^t-f_i^t)^2/(i\mathrm{NT})\right] \tag{1-22}$$

式中，NT 为时间序列长度；O^t 和 f_i^t 分别为 t 时刻的地面观测值和第 i 个降水产品的模拟值。

（2）计算初始参数的似然值：

$$l_0(\theta)=\sum_{t=1}^{\mathrm{NT}}\ln\left(\sum_{i=1}^{n}[w_{i0}g(S\mid f_i^t,\sigma_{i0}^2)]\right) \tag{1-23}$$

（3）设 Iter=Iter+1，计算隐藏变量 z_i^t 的迭代值：

$$z_{i(\mathrm{Iter})}^t=g(S\mid f_i^t,\sigma_{i(\mathrm{Iter}-1)}^2)\Big/\sum_{i=1}^{n}g(S\mid f_i^t,\sigma_{i(\mathrm{Iter}-1)}^2) \tag{1-24}$$

（4）依据隐藏变量计算各降水产品权重：

$$w_{i(\mathrm{Iter})}=\sum_{t=1}^{\mathrm{NT}}\left(z_{i(\mathrm{Iter})}^t/\mathrm{NT}\right) \tag{1-25}$$

（5）重新计算各降水产品的偏差：

$$\sigma_{i(\mathrm{Iter})}^2=\sum_{t=1}^{\mathrm{NT}}[z_{i(\mathrm{Iter})}^t(O^t-f_i^t)^2]\Big/\sum_{t=1}^{\mathrm{NT}}z_{i(\mathrm{Iter})}^t \tag{1-26}$$

（6）计算第 Iter 次迭代状态下参数的似然值：

$$l_{\mathrm{Iter}}(\theta)=\sum_{t=1}^{\mathrm{NT}}\ln\left(\sum_{i=1}^{n}[w_{i(\mathrm{Iter})}g(S\mid f_i^t,\sigma_{i(\mathrm{Iter})}^2)]\right) \tag{1-27}$$

（7）收敛性检验：若 $l_{\mathrm{Iter}}(\theta)-l_{\mathrm{Iter}-1}(\theta)$ 小于预设阈值（本书设置为 0.0001），或迭代次数超过预设上限（本书取 10000 次），则迭代停止；否则返回式（1-21）。

（8）通过式（1-19）～式（1-25）可以得到每种降水产品的最优权重。本书对 6 种降水产品的最优权重进行组合，共得到 57 种组合方式[C(2,6)+C(3,6)+C(4,6)+C(5,6)+C(6,6)=57]，通过加权平均后的权重对不同降水产品进行组合，即获得 57 种情况下的逐日降水融合产品。

（9）通过率定站点对 57 种降水融合产品的模拟值与观测值的距离（DISO）进行评估，选择模拟最佳的融合产品组合成新的逐日降水产品，以克服传统 BMA 受单一降水产品影响的限制。

1.4.3 极端径流（产流）事件识别

目前，关于极端径流（产流）事件的阈值没有一个标准定义。在先前的研究中，以整个时间序列中流量超过 95%、90%、85%和 80%分位数阈值的总径流量（产流量）来定义极端径流（产流）事件（曹丽娟等, 2013; Liu et al., 2017; Ji et al.,

2021; Liu et al., 2021; Pan et al., 2021）。在本书中，极端径流（产流）事件的阈值被定义为研究期间径流（产流）等于80%分位数（Q80）的值，选择Q80的主要原因是它提供了汛期的高流量时段（Chouaib and Caissie, 2021）。Q80主要分为3个部分：第一部分从1961～2019年VIC模型模拟的极端径流（产流）中获取，用于5.2节中分析黄河流域径流（产流）变化特征；第二部分从1980～1989年气象资料和20世纪90年代LUCC模拟的径流（产流）中获取，用于5.3.2节中探究气候变化和LUCC对黄河流域极端径流(产流)变化的影响；第三部分从1995～2014年降尺度后的多模式集合（multi-model ensemble, MME）气象资料和2010年LUCC模拟的径流（产流）中获取，用于第6章中评估全球变暖和LUCC共同影响下的黄河流域洪涝风险。极端径流（产流）事件的持续时间被定义为超过规定阈值水平的连续时间。极端径流（产流）事件的强度是指超过阈值的累积盈余。此外，为了更好地诠释气候变化和LUCC对极端径流（产流）的影响，本书仅考虑年最大极端径流（产流）持续时间（D_{max}）和强度（S_{max}），这能够消除微弱事件对研究结果的影响。以年极端径流为例，年最大极端径流持续时间和强度的计算示意图如图1-3所示。在本书中用出水口极端径流来反映洪水特征，用极端产流来反映洪涝特征。

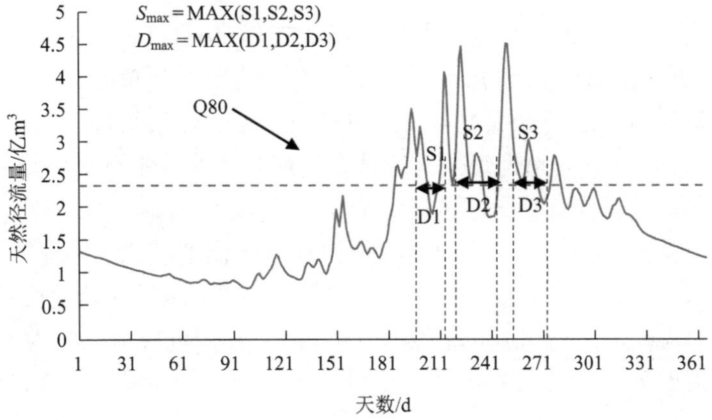

图1-3 极端径流事件提取示意图

1.4.4 多模式集合与Delta降尺度

全球气候模式的多模式集合（MME）是对选择的多个 GCMs 求全部模式的平均值，在未来气候变化的模拟和预测中得到普遍应用，因为它能够在一定程度上抵消单个模型的偏差（Bracegirdle et al., 2015; Aloysius et al., 2016; Han et al., 2021; Li et al., 2020）。此外，全球气候模式（GCMs）模拟的未来气候变量能够很好地展示全球尺度上气候的变化趋势，但是 GCMs 的空间分辨率普遍偏低，难以精确并有效地展示流域尺度上的气候变化规律和演变趋势。因此，在使用 GCMs 评估气候变化对流域尺度上的影响时，需要通过降尺度方法来提高 GCMs 在流域尺度上的精度。本书中使用的 Delta 降尺度是偏差校正中的变化系数法，它可以同时对多个气象站点的模式进行校正，同时操作简单、效率高，因此得到了广泛的应用（Hay et al., 2000; 赵芳芳和徐宗学, 2007; 李佳瑞等, 2020），并且以前的研究已经证实 Delta 降尺度在探测黄土高原气候变化方面表现出色（Peng et al., 2017）。本书主要应用气象站点实测的逐日气候数据来修正 GCMs。值得注意的是，在本书中，1961～1994 年被定义为率定期，而 1995～2014 年被定义为验证期。Delta 降尺度的基本方程如下：

$$P_{\text{high}} = P_{\text{obs}} \times \frac{(P_{\text{low-fut}})_{\text{day}}}{(P_{\text{low-his}})_{\text{day}}} \tag{1-28}$$

$$W_{\text{high}} = W_{\text{obs}} \times \frac{(W_{\text{low-fut}})_{\text{day}}}{(W_{\text{low-his}})_{\text{day}}} \tag{1-29}$$

$$T_{\text{max-high}} = T_{\text{max-obs}} + [(T_{\text{max-low-fut}})_{\text{day}} - (T_{\text{max-low-his}})_{\text{day}}] \tag{1-30}$$

$$T_{\text{min-high}} = T_{\text{min-obs}} + [(T_{\text{min-low-fut}})_{\text{day}} - (T_{\text{min-low-his}})_{\text{day}}] \tag{1-31}$$

$$T_{\text{high}} = T_{\text{obs}} + [(T_{\text{low-fut}})_{\text{day}} - (T_{\text{low-his}})_{\text{day}}] \tag{1-32}$$

式中，P_{high}、W_{high}、$T_{\text{max-high}}$、$T_{\text{min-high}}$和 T_{high} 分别为每个气象站点降尺度后的逐日降水量、逐日风速、逐日最高温度、逐日最低温度和逐日平均气温；P_{obs}、W_{obs}、$T_{\text{max-obs}}$、$T_{\text{min-obs}}$和 T_{obs} 分别为每个气象站率定期观测的多年日平均降水量、风速、最高温度、最低温度和平均温度；$(P_{\text{low-fut}})_{\text{day}}$、$(W_{\text{low-fut}})_{\text{day}}$、$(T_{\text{max-low-fut}})_{\text{day}}$、$(T_{\text{min-low-fut}})_{\text{day}}$ 和$(T_{\text{low-fut}})_{\text{day}}$ 分别为 CMIP6 全球气候模型模拟的验证期和不同 SSP 情景下的未来逐日降水量、逐日风速、逐日最高温度、逐日最低温度和逐日温度；$(P_{\text{low-his}})_{\text{day}}$、$(W_{\text{low-his}})_{\text{day}}$、$(T_{\text{max-low-his}})_{\text{day}}$、$(T_{\text{min-low-his}})_{\text{day}}$和$(T_{\text{low-his}})_{\text{day}}$ 为 CMIP6 全球气候模型模拟的率定期逐日降水量、逐日风速、逐日最高温度、逐日最低温度和逐日温度。

本书将历史时期（1961～2014 年）划分为率定期（1961～1994 年）和验证期（1995～2014 年），率定期用于校准 Delta 降尺度方法，验证期则用于验证该降尺度方法的结果。首先，利用率定期逐日观测数据集与模拟数据集来校准 Delta 降尺度方法，得到两者之间的统计关系；然后，基于该统计关系对验证期的模拟值进行订正，之后利用验证期的观测值对模拟值的降尺度结果进行检验，以评估该方法降尺度后的模拟能力；最后，再将 Delta 应用于未来时期的 GCMs 降尺度。

1.4.5 极端气候指标

本书选择的极端气候指数是由气候变化诊断与指数专家组确定的气候变化检测指标，这些指标由日最低气温、日最高气温和日降水量资料计算获得，主要优势在于极端性弱、噪声低和显著性强等，目前这些极端气候指标已经被广泛应用于气候变化研究中（马伟东等, 2020；苗书玲等, 2022；慎璐璐等, 2022；邬晓丹等, 2022）。结合本书的需求和区域特点，选取极端降水强度指标 3 个、极端降水相对指标 2 个、极端降水绝对指标 3 个、极端降水持续性指标 2 个，极端气温相对指标 4 个、极端气温绝对指标 4 个、极端气温极值指标 4 个、极端气温持续性指标 2 个，具体定义见表 1-4。

表 1-4 极端气候事件的指标和定义

极端指数	指标类型	指标名称	定义	单位
极端降水指数	强度	日最大降水量（RX1day）	年内最大 1 日降水量	mm
		五日最大降水量（RX5day）	年内最大连续 5 日降水总量	mm
		降水强度（SDII）	年降水量 / 降水日数	mm/d
	相对	强降水量（R95p）	日降水量＞95%分位数的总降水量	mm
		极强降水量（R99p）	日降水量＞99%分位数的总降水量	mm
	绝对	暴雨日数（R25mm）	日降水量≥25mm 的日数	d
		大雨日数（R20mm）	日降水量≥20mm 的日数	d
		中雨日数（R15mm）	日降水量≥15mm 的日数	d
	持续性	持续降雨期（CWD）	最长的连续降水日数	d
		持续干燥期（CDD）	最长的连续无降水日数	d
极端气温指数	相对	暖昼日数（TX90p）	日最高气温＞90%分位数的日数	d
		暖夜日数（TN90p）	日最低气温＞90%分位数的日数	d
		冷昼日数（TX10p）	日最高气温＜10%分位数的日数	d
		冷夜日数（TN10p）	日最低气温＜10%分位数的日数	d
	绝对	夏季日数（SU25）	一年中日最高气温＞25℃的日数	d
		热夜日数（TR20）	一年中日最低气温＞20℃的日数	d
		霜冻日数（FD0）	一年中日最低气温＜0℃的日数	d
		冰冻日数（ID0）	一年中日最高气温＜0℃ 的日数	d
	极值	最高气温极大值（TXx）	日最高气温的最大值	℃
		最低气温极大值（TNx）	日最低气温的最大值	℃
		最高气温极小值（TXn）	日最高气温的最小值	℃
		最低气温极小值（TNn）	日最低气温的最小值	℃
	持续性	异常暖昼持续日数（WSDI）	最高气温连续 6 天大于 90%分位数的天数	d
		异常冷夜持续日数（CSDI）	最低气温连续 6 天小于 10%分位数的天数	d

1.4.6　FLUS 模型

FLUS 模型是根据元胞自动机（cellular automata, CA）的工作原理，在 GeoSOS 上扩展得到的，相对于传统的 CA 而言，FLUS 模型嵌入了人工神经网络算法（artificial neural network, ANN）（Li et al., 2017），它按照要求根据前期 LUCC、自然驱动因子、社会驱动因子和交通区位因素获取各 LUCC 类型的适宜性图集，并基于轮盘赌选择的自适应惯性竞争机制更好地处理 LUCC 在自然影响和人类活动下发生变化的复杂性和不确定性，最终获取 LUCC 模拟结果（图 1-4）。

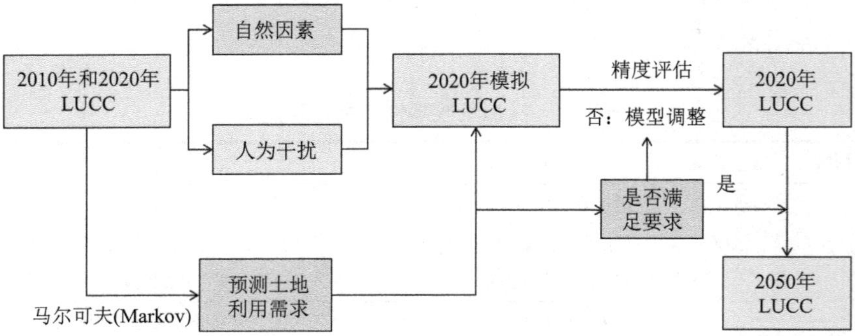

图 1-4　FLUS 模型预测 LUCC 流程图

1.4.7　联合重现期和同现重现期

构建两个变量的 copula 函数需要确定变量的边缘分布函数，目前水文特征变量多使用 P-Ⅲ型分布（李华书等, 2013; 唐国华和胡振鹏, 2017; 张鑫辉等, 2022）。为使拟合更加逼近真实值，本书选取六种边缘分布函数[包括伽马（gamma）、韦布尔（Weibull）、对数正态（log-normal）、广义极值（generalized extreme value, GEV）、指数（exponential）和 P-Ⅲ型边缘分布函数]分别拟合 1995～2014 年基准期的极端径流（产流）持续时间和强度时间序列，采用极大似然法估计边缘分布参数，利用科尔莫戈罗夫–斯米尔诺夫（Kolmogorov-Smirnov, K-S）检验法验证拟合情况（宋松柏等, 2012）：

$$\tau = \frac{2}{n(n-1)} \sum_{1 \leqslant i < j \leqslant n} \operatorname{sign}[(x_i - x_j)(y_i - y_j)] \tag{1-33}$$

式中，n 为时间序列长度；sign 为符号函数；$\{(x_1, y_1), (x_2, y_2), \cdots, (x_n, y_n)\}$ 为随机样本。

copula 函数是在定义域[0,1]上服从均匀分布的多元函数，可通过 copula 函数构建多维联合分布。设 $F_1, F_2, \cdots, F_n$ 为连续随机变量，则有唯一的 copula 函数 C

对任意 $X\in \mathrm{R}$ 满足（马建琴等, 2017）：

$$(X_1,\cdots,X_n)=P\{X_1\leqslant x_1,\cdots,X_n\leqslant x_n\}=C\left[F_1(x_1),\cdots,F_n(x_n)\right] \tag{1-34}$$

式中，$X_1,X_2,\cdots,X_n$ 为不同样本；$F(x)$为边缘分布函数。

采用两种椭圆 copula 函数（t 和 Gauss）及三种对称阿基米德（Archimedean）copula 函数（Frank、Clayton、Gumbel）来构造极端径流（产流）持续事件和强度的二维联合分布，采用极大似然法估计参数；采用均方根误差（root mean square error, RMSE）准则和 AIC 信息准则法判断拟合优度。RMSE、AIC 值越小则拟合度越高，其计算公式为

$$\begin{cases} M_{\mathrm{MSE}}=\dfrac{1}{n}\sum\limits_{i=1}^{n}(p_{\mathrm{e}i}-p_i)^2 \\ A_{\mathrm{AIC}}=n\ln(M_{\mathrm{MSE}})+2k \\ R_{\mathrm{RMSE}}=\sqrt{M_{\mathrm{MSE}}} \end{cases} \tag{1-35}$$

式中，n 为时间序列的长度；k 为 copula 参数的个数；i 为时间序列降序排列的序列号；$p_{\mathrm{e}i}$ 为第 i 个联合分布的理论值；p_i 为第 i 个联合分布的经验值；M_{MSE} 为均方误差；R_{RMSE} 为均方根误差。

此外，单变量重现期（T）的计算公式为

$$T=\frac{1}{1-F(x)} \tag{1-36}$$

式中，$F(x)$ 为单变量边缘分布函数。

双变量 x、y 的联合重现期 $T_{\mathrm{a}}(x,y)$ 计算公式为

$$T_{\mathrm{a}}(x,\ y)=\frac{1}{1-F(x,y)}=\frac{1}{1-C(u,v)} \tag{1-37}$$

双变量 x、y 的同现重现期 $T_{\mathrm{o}}(x,y)$ 计算公式为

$$T_{\mathrm{o}}(x,y)=\frac{1}{1-u-v+C(u,v)} \tag{1-38}$$

式中，u 为洪峰的边缘概率分布；v 为洪量的边缘概率分布。

1.4.8　人口经济暴露度风险变化及其分解方程

先前的研究认为，人口经济暴露度风险变化主要受人口、经济因素，气候因素和人口经济-气候相互作用因素共同影响（Jones et al., 2015）。为了揭示人口经济暴露度风险的空间差异性和极端事件发生的可能性对人口经济暴露度风险的综合影响，人口经济暴露度常用人口经济指标值与极端事件发生频率的乘积来量化（Chen and Sun, 2019; Liu et al., 2020）。然而，量化人口经济暴露度时，极端事件

的发生频率仅为近似值，而其概率才是更为准确的指标。因此，本书为量化其风险以 copula 联合概率作为特大洪涝发生的频率（百年一遇的极端产流持续时间和强度联合概率），进而模拟全球变暖下的人口经济暴露度风险变化：

$$\text{Exp}=\text{SEI}\times\text{JP} \tag{1-39}$$

式中，Exp 为特大洪涝事件的人口经济暴露度；SEI 为人口经济指标；JP 为特大洪涝事件的概率。

为了定量区分各个影响因素的贡献，以 2010 年人口密度和地均 GDP 为基准期人口密度和地均 GDP，揭示导致三种 Exp 随时间演变的主要原因，人口经济暴露度变化的基本分解方程如下：

$$\text{TC}=X_i\times Y_i-X_j\times Y_j=X_i\times\Delta Y+\Delta X\times Y_i+\Delta X\times\Delta Y \tag{1-40}$$

式中，TC 为人口经济暴露度风险的总变化；X_i 为全球变暖下的人口经济水平；Y_i 为全球变暖下的特大洪涝事件概率；X_j 为基准期内的人口经济水平；Y_j 为基准期内的特大洪涝事件概率；ΔX 为全球变暖 1.5℃、2.0℃和 3.0℃相对于基准期的人口经济变化水平；ΔY 为全球变暖 1.5℃、2.0℃和 3.0℃相对于基准期的特大洪涝事件概率变化水平；$X_i\times\Delta Y$ 为气候变化效应；$\Delta X\times Y_i$ 为人口经济变化效应；$\Delta X\times\Delta Y$ 为人口经济–气候相互作用的影响。

1.5　小　　结

本书围绕黄河流域 VIC 水文模型的构建、基于 Budyko 假设的黄河流域径流变化归因分析、黄河流域多源降水产品融合及其在水文模拟中的应用、气候变化和 LUCC 对径流变化的影响、全球变暖背景下黄河流域气候变化预估、全球变暖和 LUCC 共同影响下黄河流域径流变化及洪涝风险评估等六个方面展开介绍，本章对研究背景与意义、黄河流域自然资源概况、数据基础和理论基础进行陈述，为后文研究奠定坚实的基础。

第 2 章　基于 Cygwin 软件建立黄河流域 VIC 模型

水文模型是量化气候变化和 LUCC 对水资源影响的重要工具，它指用模拟方法将复杂的水文现象和过程以及考虑相应的物理机理来实现水资源动态模拟。现阶段水文模型已经得到广泛的应用，大量学者针对气候变化和 LUCC 对水文过程的影响展开研究，包括 SWAT（soil and water assessment tool）、SWMM（storm water management model）、HBV（Hydrologiska Byrans Vattenbalansavdelning）和 VIC 等水文模型（Zhang et al., 2017; Zhang et al., 2020; Zhang et al., 2021b; 曹灿等, 2022）。其中，VIC 模型的优势在于弥补了传统水文模型仅考虑水量平衡的劣势，它在水量平衡基础上同时考虑了能量平衡，并且考虑到陆面覆盖的不均匀性。因此，本书构建网格分辨率为 0.25°×0.25°的黄河流域 VIC 模型，并耦合汇流模型，根据 1966～1975 年黄河流域唐乃亥、头道拐和花园口逐月径流资料，对 VIC 模型的土壤参数进行率定，并利用 1976～1985 年逐日实测径流和逐月径流进行验证，评估 VIC 模型在黄河流域径流模拟中的适用性，为后续黄河流域多源降水产品融合及其在水文模拟中的应用、气候变化和 LUCC 对黄河流域径流及极端径流变化的影响，以及全球变暖 1.5℃、2.0℃和 3.0℃下黄河流域径流演变规律及其风险评估做铺垫。

2.1　VIC 大尺度分布式水文模型的构建

2.1.1　计算栅格划分

本书基于 90m×90m 空间分辨率 DEM 数据提取流域边界。以 0.25°×0.25°分辨率将研究区划分为 1509 个栅格（图 2-1）。每一个子栅格上以单独的气象参数、土壤参数和植被参数运行，输出结果将通过汇流模型汇流到流域出水口，最终得到出水口径流。

2.1.2　气象驱动模块

气象驱动模块的构建是水文模拟的一个关键环节，水文模拟的准确性很大程度上取决于气象驱动模块构建的精度。VIC 模型的气象驱动资料输入包括日最低气温、日最高气温、日降水量和日平均风速，还包括蒸汽压力、入射短波辐射和入射长波辐射，但通常情况下仅需要输入日降水量、日最低气温、日最高气温和

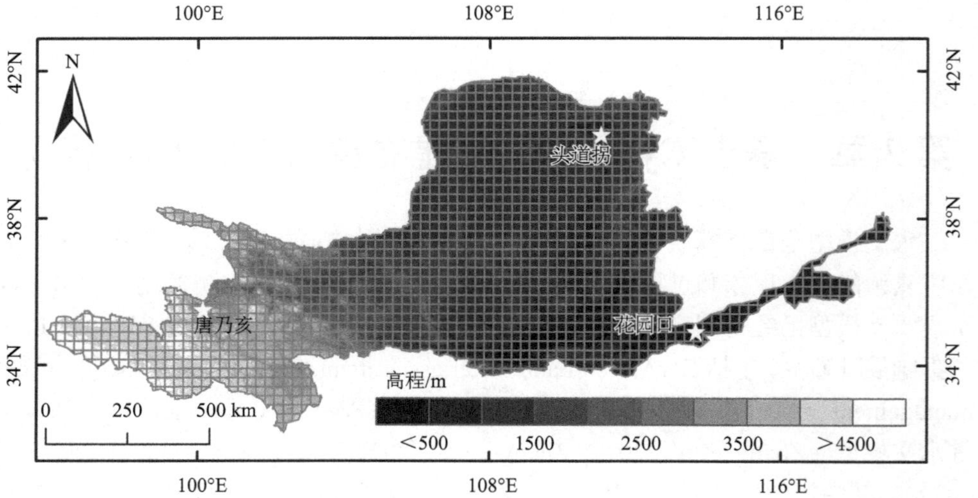

图 2-1　研究区计算网格划分

日平均风速，然后根据纬度和儒略日计算辐射，根据日最低气温、日最高气温计算蒸汽压力、入射短波辐射和入射长波辐射。本书选取黄河流域范围内及邻近的气象站点（图 2-2）1961～2019 年的气象资料，包括日降水量、日最高气温、日最低气温和日平均风速，参考以往研究采用反距离加权（IDW）法将其插值到 0.25°×0.25°的栅格上（Ma et al., 2016），即为气象驱动数据文件，进而用于后续陆面模型的构建。每一个气象驱动数据的文件名为“forcings_纬度_经度”。

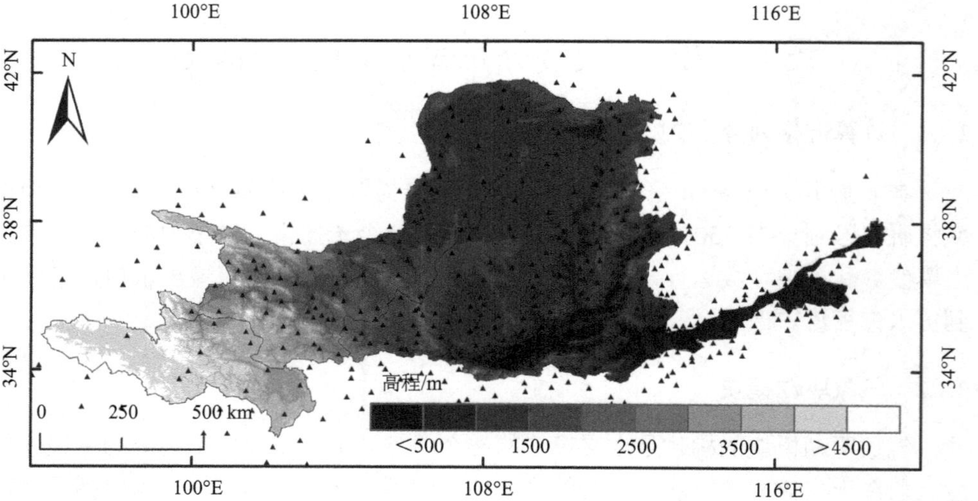

图 2-2　黄河流域气象站点空间分布图

2.1.3　土壤参数模块

土壤输入文件中的参数表达的是研究区每个计算单元栅格的土壤质地、地貌特征等信息，包括当前土层初始土壤含水量、栅格平均高程、年平均降水量和年平均土壤温度等，从而表征模型次栅格单元空间变异的特点（刘谦, 2004）。土壤数据采用 FAO 发布的全球 5′ 数据的土壤分类，土壤质地分类描述见表 2-1，图 2-3 展示了黄河流域的土壤分类数据。土壤数据输入文件各项参数的注释见表 2-2。根据 VIC 官方网站（https://vic.readthedocs.io/en/master/）的说明，只需要获取模型栅格的三层砂土、黏土和体积密度，然后根据砂土和黏土含量的比值，即土壤的砂石比（美国农业部 USDA 土壤分类标准），就可以确定一类标定后就无须再改动的土壤参数，这类参数与土壤的性质有关，如饱和土壤水势、非饱和流的指数参数 b、土壤饱和水力传导度，土壤饱和体积含水量（孔隙度）则根据土壤容重计算得到（Cosby et al., 1984），并且将 0.25°×0.25°的 1509 个栅格均赋予不同的土壤参数，以进行后续陆面模型的构建。

表 2-1　全球 5′土壤质地分类参数

分类号	名称	饱和土壤水势/m	$2b+3$	土壤饱和水力传导度/（mm/d）	容重/（kg/m³）	孔隙度
1	砂土	0.069	11.20	92.45	1490	0.445
2	壤质砂土	0.036	10.98	1218.24	1520	0.434
3	砂壤土	0.141	12.68	451.87	1570	0.415
4	粉质壤土	0.759	10.58	242.78	1420	0.471
5	粉土	0.759	9.10	242.78	1280	0.523
6	壤土	0.355	13.6	292.03	1490	0.445
7	砂质黏壤土	0.135	20.32	384.48	1600	0.404
8	粉质黏壤土	0.617	17.96	176.26	1380	0.486
9	黏壤土	0.263	19.04	211.68	1430	0.467
10	砂质黏土	0.098	29.00	623.81	1570	0.415
11	粉质黏土	0.324	22.52	115.78	1350	0.497
12	黏土	0.468	27.56	84.15	1396	0.482

除固定的土壤参数外，还有一类土壤参数需要通过出水口径流率定来获取，且对产流量的影响很大，如三层土壤的深度（d1、d2、d3）、蓄水容量曲线（b）、非线性基流产生时最大值因子（Ds）、基流最大流速（Ds_{max}）和非线性基流发生时最大土壤含水量因子（Ws）。

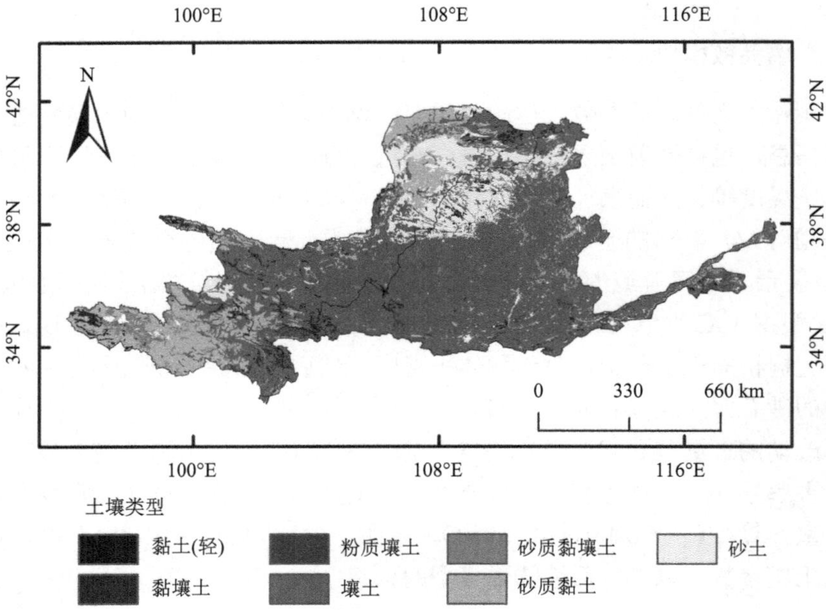

图 2-3　黄河流域的土壤分类数据

表 2-2　VIC-3L 土壤文件参数注释

列	参数	单位	个数	描述
1	Run_Cell	—	1	网格是否运行，1 为是，0 为否
2	Gridcel	—	1	网格号
3	Lat	°	1	网格纬度
4	Lon	°	1	网格经度
5	Infilt	—	1	可变下渗容量曲线参数
6	Ds	—	1	非线性基流产生时最大值因子
7	Ds_{max}	mm/d	1	基流最大流速
8	Ws	—	1	非线性基流发生时最大土壤含水量因子
9	c	—	1	下渗曲线的指数，通常设为 2
10～12	Expt	—	3	饱和水力传导变化指数
13～15	Ksat	mm/d	3	当前土壤层的饱和水力传导度
16～18	Phi_s	mm/mm	3	土壤湿度的扩散系数
19～21	Init_moist	mm	3	当前层的初始土壤含水量
22	Elev	m	1	网格平均高程
23～25	Depth	m	3	土壤含水层的厚度
26	Avg_T	℃	1	平均土壤温度，用作土壤热通量解的底部边界
27	Dp	m	1	土壤热阻尼系数
28～30	Bubble	cm	3	土壤气压

续表

列	参数	单位	个数	描述
31～33	Quartz	—	3	土壤中的石英含量
34～36	bulk_density	kg/m^3	3	土壤层的容积密度
37～39	Soil_density	kg/m^3	3	土壤层总体密度，通常为 2685kg/m^3
40	Off_gmt	h	1	偏离格林尼治的时区
41～43	Wcr_FRACT	—	3	临界点（70%）时每个土壤含水层的部分土壤含水量（最大含水量因子）
44～46	Wpwp_FRACT	—	3	凋萎点每个土壤层的部分土壤含水量
47	Rough	m	1	裸土的地表粗糙度
48	Snow_rough	m	1	雪带的地表粗糙度
49	Annual_prec	mm	1	年均降水量
50	Fs_active	—	1	1 时为激活冻土层算法；0 时为不激活冻土层算法

2.1.4　植被参数模块

本书采纳中国科学院资源环境科学数据平台提供的 1980 年、1990 年、2000 年、2010 年和 2020 年全国 1∶10 万 LUCC 数据库，原始 LUCC 采用二级分类，将 LUCC 类型重分类为耕地、林地、草地、水域、不透水面和未利用土地 6 大类（图 2-4）。由图 2-4 可知，在 20 世纪 80 年代至 21 世纪 20 年代的研究期间，黄河源区主要以草地增加和未利用土地减少为主；黄河流域上游主要以林地、草地、耕地和不透水面增加，而未利用土地减少为主；黄河流域中游的土地利用/覆盖面积相对变化更为明显，林地和草地面积先减少后增加、耕地面积先增加后减少，而不透水面的面积呈现持续增加的态势。

VIC 模型通过 LUCC 类型来反映地表覆盖，因此需要将 LUCC 类型转换成 VIC 所需要的 LUCC 类型。其属性参数由 VIC 官方网站（https://vic.readthedocs.io/en/develop/）提供的植被覆盖类型属性表来确定，其中本书所需要的 LUCC 类型属性表如表 2-3 所示。

表 2-3　LUCC 类型属性表

LUCC 类型	反照率/%	粗糙度/cm	最小气孔阻抗/（S/m）	根系分布在三层土壤层中的深度/m	根系分布在三层土壤层中的比例
耕地	18	15	40	0.1, 0.4, 0.2	0.43, 0.36, 0.21
林地	16	50	100	0.1, 0.4, 1.0	0.076, 0.84, 0.084
草地	20	15	70	0.1, 0.4, 0.2	0.34, 0.53, 0.13
水域	8	0.01	100	—	—
不透水面	18	50	200	0.01, 0.01, 0.03	0.8, 0.1, 0.1
未利用土地	25	10	999	0.01, 0.01, 0.03	0.8, 0.1, 0.1

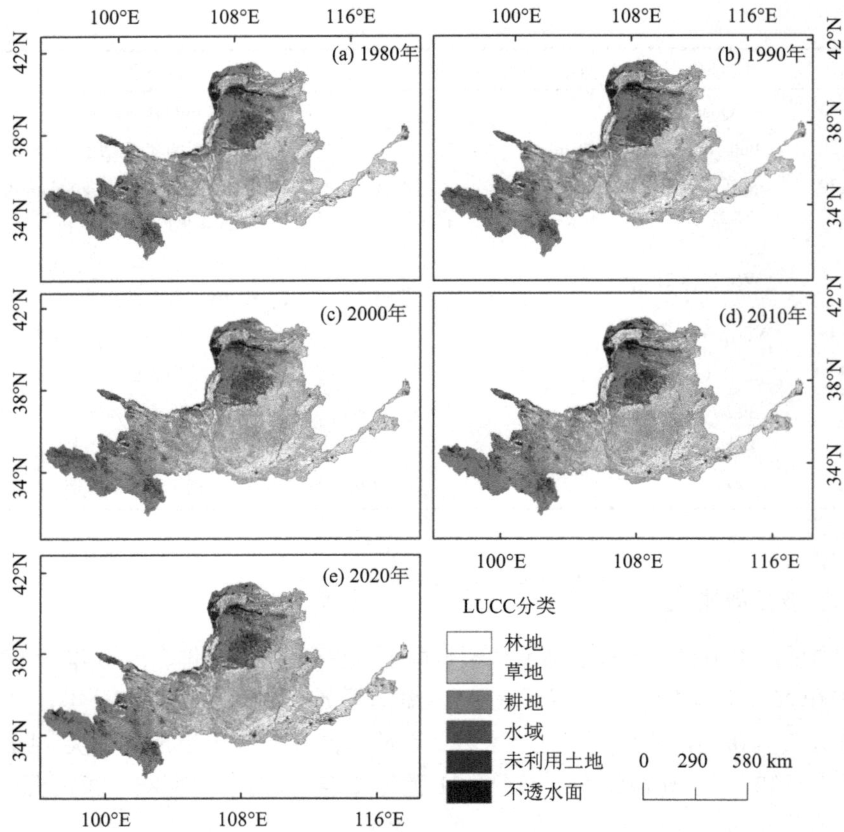

图 2-4　黄河流域历史时期的 LUCC 分类

依据转换后的 LUCC 类型，制作植被参数文件（图 2-5），植被参数文件决定了每个栅格的植被组成基本信息和根区在三层土壤中的深度及分配比例。

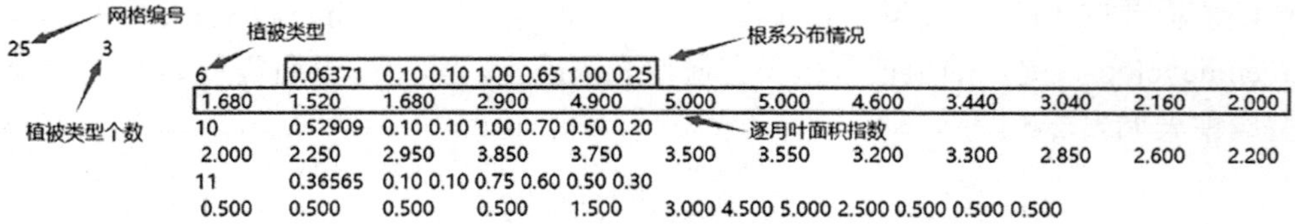

图 2-5　植被参数文件

2.1.5　陆面模型的构建

在陆面模型的构建中最重要的文件是全局控制文件，它是 VIC 模型的接口，确定了模型运行的时间步长、模拟时段的起止日期、土壤参数文件、植被参数文件、气象驱动模块的路径和模拟结果的输出路径。本书最终在黄河流域建立 VIC 模型，模型运行的时间步长设置为 24h，模拟时段的起止日期设置为 1961 年 1 月 1 日至 2019 年 12 月 31 日，并且开启计算能量平衡。全局参数文件的部分示例图如图 2-6 所示。

```
NLAYER        3      # number of soil layers
NODES         3      # number of soil thermal nodes
TIME_STEP     24     # model time step in hours (set to 24 if FULL_ENERGY = FALSE, set to < 24 if FULL_ENERGY = TRUE)
SNOW_STEP     1      # time step in hours for which to solve the snow model (should = TIME_STEP if TIME_STEP < 24)
STARTYEAR     1961   # year model simulation starts
STARTMONTH    01     # month model simulation starts
STARTDAY      01     # day model simulation starts
STARTHOUR     00     # hour model simulation starts
ENDYEAR       2019   # year model simulation ends
ENDMONTH      12     # month model simulation ends
ENDDAY        31     # day model simulation ends
FULL_ENERGY   TRUE   # TRUE = calculate full energy balance; FALSE = compute water balance only
FROZEN_SOIL   FALSE  # TRUE = calculate frozen soils
```

图 2-6　全局参数文件部分示例

陆面模型的每个栅格运行成功后，会输出一个结果文件，里面包含每个栅格模拟期间的逐日降水量、蒸散量、地表径流、地下径流、融雪径流、三层土壤含水量等重要信息，可以通过 ArcGIS 空间连接的方式将其赋值到栅格面上，最终输出 0.25°×0.25°的逐日地表径流栅格数据，其文件中的主要内容如表 2-4 所示。

表 2-4　陆面模型输出结果文件各项含义

序列数	变量名	单位	含义
1	Year	a	年
2	Month	m	月
3	Day	d	日
4	Prec	mm	降水量
5	Evap	mm	蒸散量
6	Runoff	mm	地表径流
7	Baseflow	mm	地下径流
8	Snow_runoff	mm	融雪径流
9	Wdew	mm	冠层截留量
10	Soil moist（i）	mm	三层土壤含水量
11	Rad_temp	K	辐射温度
12	Net_short	W/m^2	净短波辐射
13	Rad_short	W/m^2	净辐射
14	Outlatenr	W/m^2	潜热
15	Evap_canopy	mm	冠层蒸发
16	Transp_veg	mm	植物蒸腾量
17	Evap_bare	mm	裸地蒸发量

续表

序列数	变量名	单位	含义
18	Sub_canopy	mm	冠层升华量
19	Sub_snow	mm	积雪升华量
20	Sensible	W/m^2	感热
21	Ground_flux	W/m^2	地下热传导量
22	Deltah	W/m^2	热储变化量
23	Fusion	W/m^2	冻土变化量
24	Aero_resist	S/m	动力学阻抗
25	Surf_temp	℃	表面均温
26	Albedo	—	反照率
27	Rel_humid	—	相对湿度
28	In_long	W/m^2	大气长波辐射
29	Air_temp	℃	气温

陆面模型结果输出文件名格式与气象驱动输出文件名格式一一对应，采用“fluxes_纬度_经度”的命名方式。经纬度表示的是每个栅格中心点的经度、纬度，与土壤文件中的经纬度信息相对应，小数点后保留四位有效数字。

2.1.6　汇流模型的构建

在汇流模型的构建中，流向输入文件是准确计算栅格汇流的关键。汇流的流向文件揭示了黄河流域河流断面出口和栅格的水流方向。根据 D8（deterministic eight neighbours）算法：1 为北，2 为东北，3 为东，4 为东南，5 为南，6 为西南，7 为西，8 为西北，9 为出水口，–999 设置为黄河流域以外区域。

2.2　VIC 模型参数率定

本书选择黄河流域三个重要的水文站点，具体如下：唐乃亥是黄河干流控制站，是黄河上第一个洪水编号站，也是国家重要水文站和黄河重点报汛站；头道拐的地理位置在内蒙古自治区呼和浩特市托克托县双河镇麻地壕村，是黄河上中游水资源变化的主要转折点；花园口是黄河进入下游平原的第一站，也是黄河下游防汛抗旱、水资源调度管理的控制站，由于特殊的地理位置和重要的职责使命，花园口水文站的备汛工作尤为重要。因此，以唐乃亥、头道拐和花园口三个水文站的月径流和日实测径流资料，设定 VIC 模型的预热期（1961～1965 年）、率定期（1966～1975 年）和验证期（1976～1985 年），采用人类活动影响较小的 1980 年 LUCC 作为模型下垫面输入数据，有利于对径流进行还原；选用 10 年的长时段天然径流资料进行土壤参数的率定和验证，相较于其他使用 2～3 年数据作为率定期和验证期的模拟结果更加准确和充分。

VIC 模型土壤参数的率定是通过实测值和模拟值对比，根据土壤属性的原理来调整土壤属性参数，使实测值与模拟值拟合程度良好。VIC 模型运行一次的时间较长，自动化调整参数难以实现，所以采用手动干预来调整参数。

对径流模拟效果敏感的土壤参数有：可变下渗容量曲线（b），其取值范围一般介于 0～0.9 之间，b 值越大下渗径流越小，模拟洪峰值越大，且一般在干旱、半干旱地区偏高，在湿润、半湿润地区偏低；非线性基流开始时的基流值与最大基流值的比值（Ds），Ds 值越大，冬季径流越大，Ds 值越低，土壤越干燥，其产流量也相对较低。Ds、最大基流流速（Ds_{max}）和第三层土壤深度（d3）会影响基流，值偏高，会导致冬季枯水期的径流偏大。第二层土壤厚度（d2）越大，产流量则会相应减少，蒸发量则会相应增大，从而影响地表径流。第一层土壤深度（d1）、d2 和 d3 的取值直接影响着蒸散量和洪峰的计算。此外，非线性基流发生时最大土壤含水量因子（Ws）越大，退水越快。在本书中，初步设定为：d1、d2、d3 分别为 0.1m、1.0m、2.0m；b 为 0.3，Ds_{max} 为 15mm/d，Ds 和 Ws 均为 0.5。然后，对 7 个参数进行调整，具体调整步骤如下。

（1）对比率定期冬季径流的观测值与模拟值，调整 Ds、Ds_{max} 和 d3，使得冬季径流多年平均值与模拟值接近。

（2）对比退水过程，即径流接近基流时候的变化过程，调整 Ws 值。

（3）调整 d1 和 d2，使得多年平均径流模拟值与观测值接近。

（4）调整 b 值，使得观测值与模拟值的汛期流量接近。

（5）选择目标函数：纳什系数（NSE），基于 SCE-UA 优化算法对上述几个参数进行微调，使得 NSE 达到最优值。

表 2-5 为三个水文站 VIC-3L 模型土壤参数的率定结果。

表 2-5　VIC-3L 模型的土壤参数率定结果

参数	取值范围	水文站点		
		唐乃亥	头道拐	花园口
b	0～0.9	0.68	0.3	0.38
Ds	0～1	0.32	0.2	0.14
Ds_{max}	0～30	4.1	15	30
Ws	0～1	0.24	0.98	0.98
d1	0.001～0.1	0.07	0.04	0.001
d2	0.1～2	0.1	0.1	0.45
d3	0.5～4	1.9	2.1	2.3

2.3　VIC 模型的适用性评价

本书利用水利部黄河水利委员会提供的 1966～1975 年天然径流对 VIC 模型进行参数率定后，保持表 2-5 中 VIC 模型的率定参数不变，利用 1976～1985 年的逐日气象数据模拟径流，并基于 1976～1985 年实测天然径流与模拟径流，采用 NSE、相关系数（CC）和相对偏差（BIAS）值来评估 VIC 模型在黄河流域的适用性。图 2-7 为唐乃亥、头道拐和花园口水文站在率定期和验证期的实测月天然径流、模拟月天然径流和实际降水量对比结果。由图 2-7 可知，在率定期，唐乃亥、头道拐和花园口水文站的 NSE 分别为 0.76、0.80 和 0.81；CC 分别为 0.88、

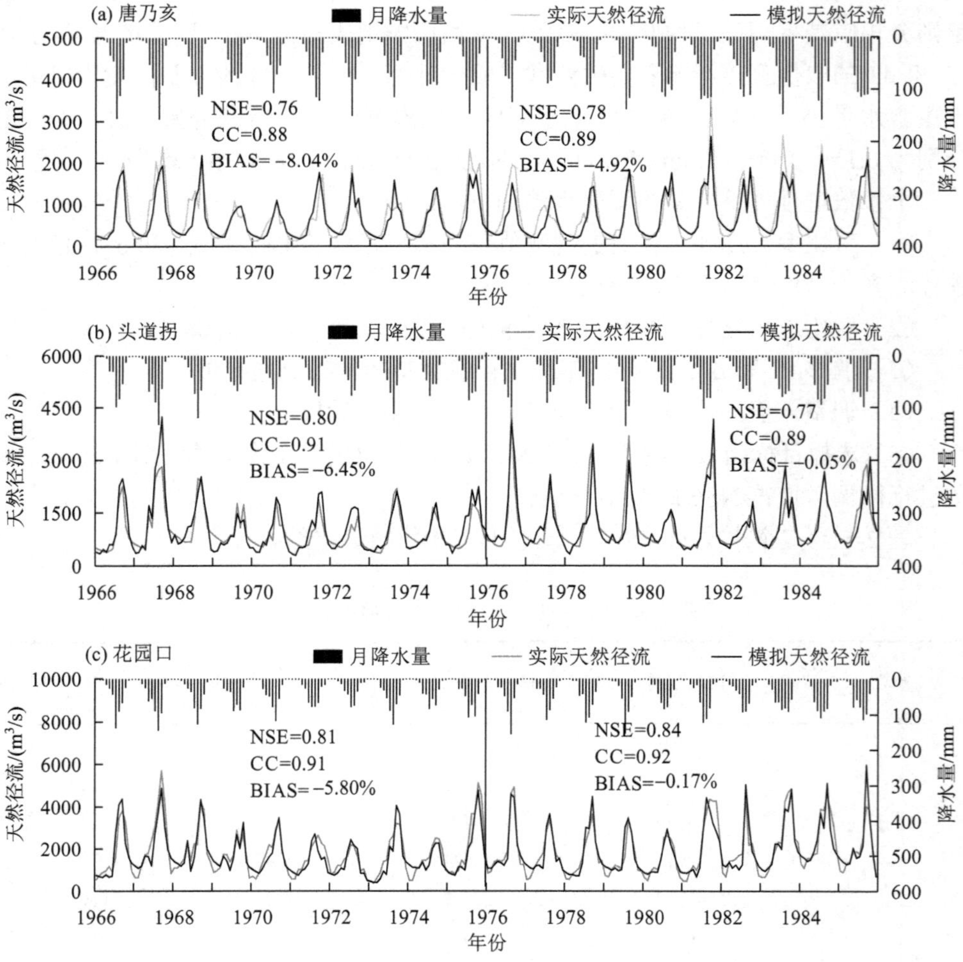

图 2-7　黄河流域三个水文站 1966～1985 年的实测与模拟月天然径流过程

0.91 和 0.91；BIAS 分别为–8.04%、–6.45%和–5.80%。在验证期，唐乃亥、头道拐和花园口水文站的 NSE 分别为 0.78、0.77 和 0.84；CC 分别为 0.89、0.89 和 0.92；BIAS 分别为–4.92%、–0.05%和–0.17%，表明 VIC 模型易低估黄河流域天然径流。参考以往研究（姬广兴, 2020），水文模型模拟结果 NSE>0.5、CC>0.6 和 BIAS<15%，说明 VIC 模型在黄河流域的适用性满足要求，可以用来模拟黄河流域的逐月天然径流。

此外，逐日实测天然径流无法获取，因此本书采用逐日实测径流与模拟的天然径流进行对比分析。由图 2-8 可知，逐日实测径流与模拟天然径流之间的一致程度较高，三个水文站均通过 $p<0.001$ 水平的显著性检验，唐乃亥、头道拐和花园口水文站的皮尔逊（Pearson）相关系数分别为 0.805、0.639 和 0.709。值得注意的是，除唐乃亥外，其余两个水文站模拟的天然径流均高于实测径流，主要是因为取水耗水、灌溉和水利项目改变了整个流域的水资源状况（Wang et al., 2020b）。相比之下，自然径流可以消除水库、大坝和灌溉的影响，更直观地反映黄河流域水资源和极端径流的演变规律，并且能够更直观地反映气候信号对水资源和极端径流变化的影响。综合以上分析，VIC 模型表现良好，能够刻画黄河流域的水文循环过程。

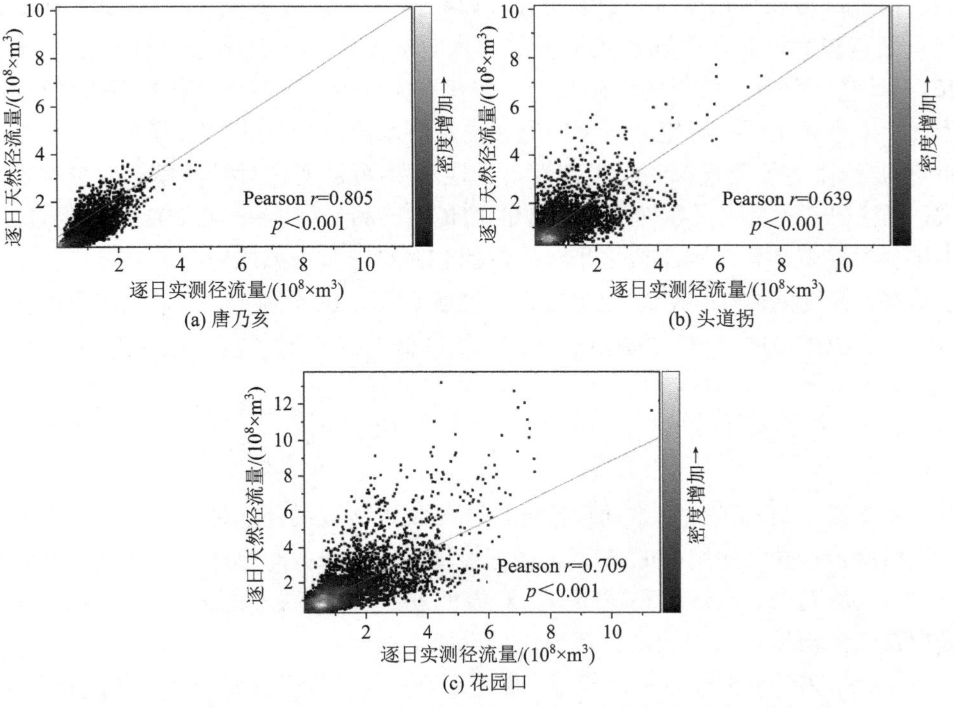

图 2-8　2001～2019 年唐乃亥、头道拐和花园口水文站实测和模拟的日径流散点密度

图例的颜色表示使用高斯核估计的概率密度

2.4 径流模拟的不确定性分析

VIC 模型在黄河流域的适用性总体上满足应用需求。但实际应用中，径流模拟受到多种因素的共同影响，其模拟结果存在较大的不确定性。造成不确定性的主要原因可以总结为以下四个方面：①参数率定的不确定性。本书采用手动干预对黄河流域三个水文站月径流参数进行调整和验证，率定期（1966～1975 年）和验证期（1976～1985 年）各水文站月实测天然流量和模拟径流吻合度较好，相关系数 CC>0.88，纳什系数 NSE>0.76。但模拟值与实测值仍然存在一定的偏差，验证期唐乃亥、头道拐和花园口的月实测天然径流与模拟径流相对偏差分别为–4.92%、–0.05%和–0.17%，造成模拟值低于实际天然径流。②水文模型模拟的不确定性。本书采用 VIC 模型来模拟黄河流域径流，未考虑生活用水、灌溉和水库调蓄对径流变化的影响，且单个水文模型评估黄河流域径流不可避免地会造成误差，未来应考虑生活用水、灌溉和水库调蓄对径流变化的影响，采用多种水文模型来进行径流模拟，以降低单一模型造成的不确定性。③气候变化对径流模拟的不确定性。本书采用研究区范围内和附近共 493 个气象站点的气候要素来驱动 VIC 模型，与以往在黄河流域的研究（134 个气象站点）（姬广兴, 2020）相比，气象站点较为密集。然而，黄河流域降水时间变率大、空间分布不均（周丹等, 2015）。空间化降水资料的准确与否，将在较大程度上影响水文模拟预报的精度。因此，未来可采用高时空分辨率的遥感卫星降水产品来驱动 VIC 模型。④土地利用/覆被变化对径流模拟的不确定性。土地利用/覆被变化对径流模拟的影响也较大，以往研究（对比了 6 种不同来源的 LUCC 产品）（丁晓彤等, 2023）已经证实，中国科学院资源环境科学数据平台提供的LUCC 在黄土高原所有LUCC 产品中精度最高，精度高达 91.68%。但仍然需要注意 LUCC 的不确定性，未来应考虑使用多来源 LUCC 构建 VIC 模型植被参数，以降低 LUCC 对径流模拟的不确定性。

2.5 小　　结

本章基于黄河流域基本地理数据库和气象水文资料，建立 VIC 模型，模拟黄河流域径流，同时应用 VIC 模型耦合汇流模型，依据黄河流域三个干流主要的水文站点（唐乃亥、头道拐和花园口）对模型进行参数率定和验证，并对 VIC 水文模型在黄河流域的适用性进行评价，得出如下结论：

（1）将 VIC 模型耦合汇流模型，通过人工干预对黄河流域径流模拟进行率定。研究揭示 VIC 模型在黄河流域的适用性良好，可以用来模拟黄河流域径流。率定期和验证期的水文模型模拟结果为 NSE>0.76、CC>0.88 和 BIAS<10%，总体模拟

效果较好，达到了模型要求。与水文资料存在一定差距的主要原因在于 VIC 模型结构复杂，需要输入的数据众多，不同数据来源可能均会对结果产生一定影响，且模型的物理机制对水文的响应也具有一定的不确定性。

（2）在唐乃亥水文站，逐日实测径流与模拟值的拟合程度最高；在头道拐和花园口水文站，逐日实测径流与模拟值的拟合程度偏低，但拟合程度均通过 $p<0.001$ 的显著性检验。这表明 VIC 模型模拟径流与实测径流之间具有较高的一致性，可用于提取极端径流事件的持续时间和强度。

（3）黄河流域水文模拟仍然存在一定的不确定性，主要源于参数率定的不确定性、水文模型模拟的不确定性、气候变化和 LUCC 对径流模拟的不确定性。

第 3 章　基于 Budyko 假设的黄河流域径流变化归因分析

黄河流域地处我国中西部地区，属于典型的半干旱半湿润地区，地表水开发利用率和消耗率已达 86%和 71%，工农业和生活大量耗用黄河河川径流量，远超黄河水资源承载能力。1999 年水利部黄河水利委员会实施黄河水量统一调度，卓有成效地解决了黄河干流断流问题。然而，生态工程建设、大型水库修建、矿产资源开发、城市扩张等人为活动对流域实测径流量产生极大影响（Fu et al., 2017），黄河流域的实测径流量呈极显著下降的变化趋势，黄河流域下游滩区安全、河口三角洲萎缩、湿地退化、海岸线蚀退和河口生态保护等方面的问题仍然严重。因此，探讨黄河流域的实测径流演变规律，定量评估气候变化和人类活动对黄河流域干流径流量变化的影响，获得的研究成果可为黄河流域水资源保护和可持续发展提供科学依据。本章首先基于黄河流域及其周围的气象观测数据和黄河流域干流的径流观测数据，分析 1970～2019 年黄河流域干流唐乃亥、兰州、头道拐、龙门、潼关、花园口、孙口和利津水文站的实测径流演变规律；然后为了更准确地划分实测径流时间序列的基准期和变化期，同时应用曼-肯德尔（Mann-Kendall）检验、TEPW-Mann-Kendall 检验、Pettitt 检验、MW-Pettitt 检验和 *t* 检验（*t*-test）来判断 8 个水文站 1970～2019 年实测径流数据的突变年份；最后基于 Budyko 假设方法量化气候要素（降水量、潜在蒸散量）和人类活动（下垫面参数特征）对 8 个水文站实测径流变化的贡献率。

3.1　气象要素及实测径流的空间变化特征

3.1.1　降水量的空间变化趋势

图 3-1 为黄河流域降水量在非雨季、雨季和年尺度上的空间分布及 Sen 趋势。由图 3-1 可知，黄河流域非雨季、雨季和年降水量均呈现出自西北向东南递增的空间格局，非雨季和年尺度降水量高值区主要集中分布在东南部，雨季降水量高值区主要分布在子区域Ⅰ的东南部，且雨季降水量约占年降水量的 81.30%[图 3-1（a1）～（a3）]。非雨季（MK 显著性检验 Z=2.59）降水量整体呈显著增加趋势，而雨季（Z=0.90）和年（Z=1.65）降水量整体呈不显著增加趋势，但黄河流域子区域Ⅳ和子区域Ⅲ雨季降水量呈不显著减少趋势。在年尺度上，黄河流域子区域Ⅰ、

子区域Ⅱ和子区域Ⅲ的西北部降水量呈现显著的增加趋势[图 3-1（b1）～（b3）]。

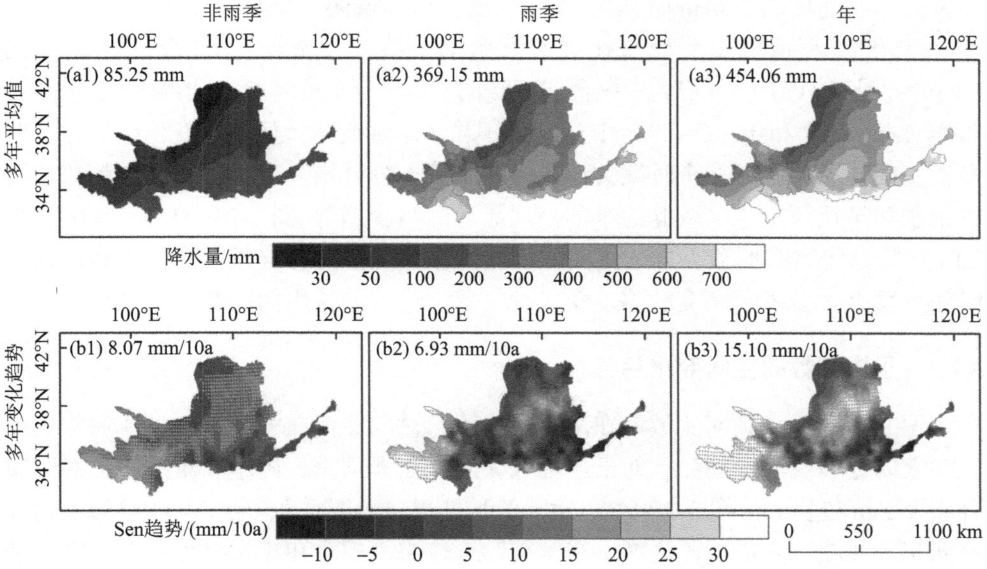

图 3-1　1970～2019 年黄河流域非雨季、雨季和年尺度上的降水量变化趋势空间分布图

图中散点代表显著变化的区域，下同

3.1.2　潜在蒸散量空间变化趋势

图 3-2 为黄河流域潜在蒸散量（ET_0）在非雨季、雨季和年尺度上的空间分布

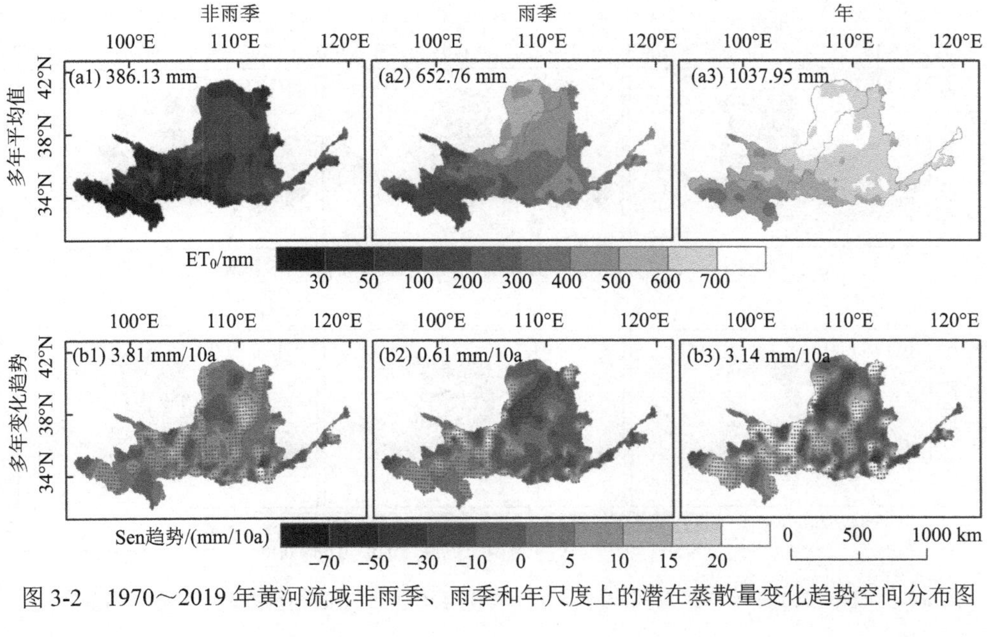

图 3-2　1970～2019 年黄河流域非雨季、雨季和年尺度上的潜在蒸散量变化趋势空间分布图

及 Sen 趋势。由图 3-2 可知，黄河流域非雨季、雨季和年潜在蒸散量均呈现出自西南向东北递增的空间格局，雨季和年尺度 ET_0 高值区主要集中分布在子区域Ⅱ，非雨季 ET_0 高值区主要分布在黄河流域中下游，且雨季 ET_0 约占年 ET_0 的 62.89%[图 3-2（a1）～（a3）]。在全球变暖的大背景下，黄河流域非雨季（Z=1.30）、雨季（Z=0.13）和年（Z=0.76）ET_0 呈现不显著增加趋势，但 ET_0 变化趋势存在明显的空间异质性，在三个时期黄河源区和上游部分区域呈现显著的增加趋势，而在雨季和年尺度上子区域Ⅱ的东部呈现显著的减少趋势[图 3-2（b1）～（b3）]，ET_0 变化趋势具有明显差异的主要原因是潜在蒸散量对各气象因子的敏感性在各时间尺度上大多属于高度敏感，受多种气象因子共同作用的影响。

3.1.3　干燥指数的空间变化趋势

图 3-3 展示了黄河流域潜在蒸散量与降水量的比值在非雨季、雨季和年尺度上的空间分布及 Sen 趋势，即干燥指数（AI）在非雨季、雨季和年尺度上的空间分布及 Sen 趋势。由图 3-3 可知，黄河流域非雨季、雨季和年尺度 AI 整体上自西北向东南递减。其中，子区域Ⅰ东南部 AI 较小，雨季和年尺度处于湿润区；子区域Ⅰ和Ⅱ的西北部 AI 较高，全年处于极度干旱状态，表明这些区域受干旱的影响导致径流量减少[图 3-3（a1）～（a3）]。黄河流域非雨季（Z=2.21）AI 呈现显著下降趋势，表明近年来黄河流域非雨季呈现湿润化的趋势。而雨季（Z=0.73）和年（Z=1.30）AI 呈现不显著下降趋势。在空间格局上，黄河流域非雨季子区域Ⅰ和Ⅱ以上均呈现显著的下降趋势；而在雨季和年尺度上仅有子区域Ⅰ的西北部

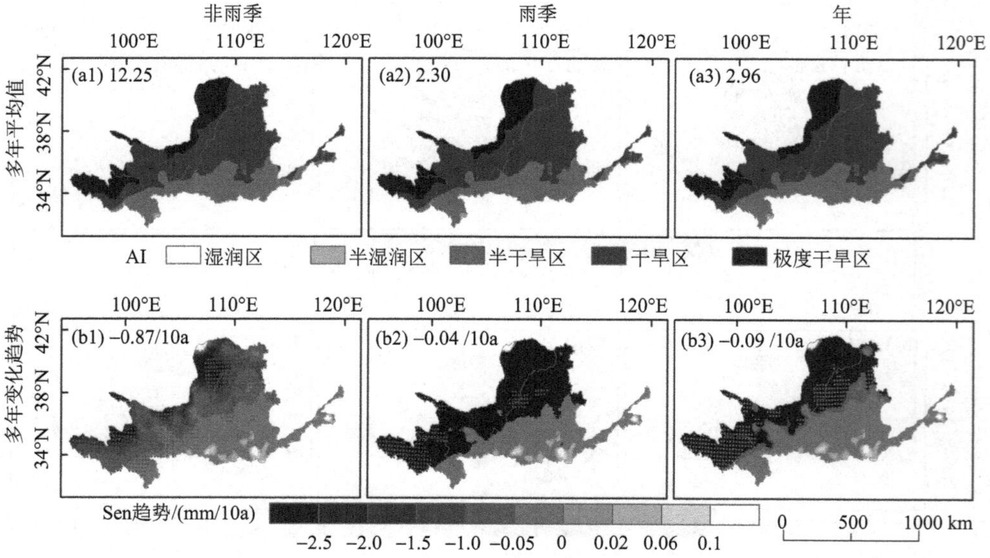

图 3-3　1970～2019 年黄河流域非雨季、雨季和年尺度上的干燥指数变化趋势空间分布图

和子区域Ⅱ的西部呈现显著的下降趋势[图 3-3（b1）～（b3）]，揭示了中国西北部地区整体气温升高，降水增加，呈暖湿化趋势。

3.1.4　径流演变的空间变化趋势

表 3-1 为黄河流域 8 个水文站 1970～2019 年径流的统计特征。由表 3-1 可知，花园口站多年平均径流量最高，而利津站年径流的极值比最大；源区、上游、中游和下游年径流量的最大值分别出现在 1989 年、2019 年、1976 年和 1983 年。采用 Sen 趋势和非参数 Mann-Kendall 趋势结合的方法对各站径流量进行趋势分析可知，黄河源区实测径流量呈现不显著减少的趋势，上游实测径流量呈现显著减少的趋势，而中游和下游实测径流量呈现极显著减少的趋势，整体上来看，黄河流域径流量减少速率为源区＜上游＜中游＜下游。

表 3-1　各水文站 1970～2019 年径流变化特征

子流域	水站站点	均值 /（m^3/s）	最大值 /（m^3/s）	最小值 /（m^3/s）	极值比	Sen 趋势 /[m^3/（s·10a）]	Z 统计值
源区	唐乃亥	640.28	1039（1989）	335（2002）	3.10	−10.00	−0.70
上游	兰州	918.36	1502（2019）	594（2001）	2.53	−35.50	−1.97
	头道拐	621.68	1128（2019）	323（1997）	3.49	−40.00	−2.25
中游	龙门	730.52	1264（1976）	421（1997）	3.00	−71.25	−3.37
	潼关	918.26	1587（1976）	474（1997）	3.35	−95.83	−3.50
	花园口	1003.16	1948（1983）	452（1997）	4.31	−95.33	−3.23
下游	孙口	865.82	1763（1983）	274（1997）	6.43	−94.38	−3.03
	利津	681.34	1556（1983）	59（1997）	26.37	−114.76	−3.25

3.2　黄河流域实测径流变化的归因识别

3.2.1　黄河流域实测径流突变特征

为了尽量准确地识别黄河流域径流量时间序列的突变年份，本书同时应用 Mann-Kendall（MK）、TEPW-Mann-Kendall（TEPW-MK）、Pettitt、MW-Pettitt（MWP）和 *t*-test 五种方法对黄河流域 8 个水文站 1970～2019 年径流数据进行分析，进而判断黄河流域 1970～2019 年实测径流数据的突变年份，然后再综合五种方法的结果将 8 个水文站的实测径流时间序列划分为基准期和变化期。

由表 3-2 可知，黄河流域上、中、下游均有三种及以上方法检测的时间相同且通过显著检验 0.01 显著性水平，当其中某种方法与另外几种方法不一致时，以少数服从多数的原则确定突变年份，最终确定头道拐、龙门、潼关、花园口、孙口和利津年径流量的突变年份分别为1986年、1986年、1990年、1990年、1990年和1985年；而唐乃亥和兰州水文站五种方法检测得到的时间不同，且Pettitt和MW-Pettitt对唐乃亥水文站突变时间检测未通过0.05显著性检验，当五种方法检验结果均不一致时，取中间值作为其突变年份，最终确定唐乃亥和兰州年径流量的突变年份分别为1988年和1989年。由此可见，黄河流域年径流量突变年份集中在1985～1990年，这可能是因为在1986年龙羊峡水电站建成，开始人为调控径流变化。

表3-2 通过五种统计方法检测到的突变点

子流域	水站站点	MK	TEPW-MK	Pettitt	MWP	*t*-test
源区	唐乃亥	1988**	1987**	1989	1990	1985*
上游	兰州	1987**	1985**	1990**	1991**	1994**
	头道拐	1987**	1986**	1986**	1986**	1990**
中游	龙门	1990**	1986**	1986**	1986**	1985**
	潼关	1990**	1990**	1990**	1990**	1990**
	花园口	1989**	1989**	1990**	1990**	1990**
下游	孙口	1988**	1985**	1990**	1990**	1990**
	利津	1985**	1985**	1985**	1986**	1985**

注：*和**分别代表0.05和0.01的显著性水平。

3.2.2 实测径流对气候要素和人类活动的敏感性分析

根据8个水文站1970～2019年径流时间序列数据突变分析的结果，将唐乃亥水文站划分为1970～1988年和1989～2019年两个时期，将兰州水文站划分为1970～1989年和1990～2019年两个时期，将头道拐和龙门水文站划分为1970～1986年和1987～2019年两个时期，将潼关、花园口和孙口水文站划分为1970～1990年和1991～2019年两个时期，将利津水文站划分为1970～1985年和1986～2019年两个时期，然后分别计算黄河流域各水文站两个时期内的气象水文变量特征值（表3-3）。

表3-3 黄河流域气象水文变量特征值

子流域	水文站点	时期	ET_0/mm	P/mm	R/mm	ω	ET_0/P	R/P	弹性系数		
									ε_P	ε_{ET_0}	ε_ω
源区	唐乃亥	1970～1988	729.55	481.24	177.71	1.07	1.52	0.37	2.07	−1.07	−1.31
		1989～2019	734.92	564.65	158.24	1.55	1.30	0.28	1.96	−0.96	−1.09

续表

子流域	水文站点	时期	ET_0 /mm	P /mm	R /mm	ω	ET_0/P	R/P	弹性系数		
									ε_P	ε_{ET_0}	ε_ω
上游	兰州	1970～1989	783.34	458.05	146.23	1.13	1.71	0.32	1.91	−0.91	−1.34
		1990～2019	798.69	514.59	119.5	1.55	1.55	0.23	2.31	−1.31	−1.47
	头道拐	1970～1986	971.70	355.00	66.17	1.23	2.74	0.19	2.32	−1.32	−2.26
		1987～2019	977.44	399.57	46.69	1.65	2.45	0.12	2.19	−1.19	−1.99
中游	龙门	1970～1986	1022.92	370.51	58.21	1.34	2.76	0.16	2.15	−1.15	−2.09
		1987～2019	1026.98	412.8	40.19	1.77	2.49	0.10	2.31	−1.31	−2.12
	潼关	1970～1990	1022.69	414.51	52.18	1.59	2.47	0.13	2.53	−1.53	−2.33
		1991～2019	1034.06	441.18	35.46	2.00	2.34	0.08	2.26	−1.26	−1.99
	花园口	1970～1990	1027.02	427.35	54.15	1.61	2.40	0.13	2.43	−1.43	−2.19
		1991～2019	1037.6	451.61	35.54	2.04	2.30	0.08	2.34	−1.34	−2.04
下游	孙口	1970～1990	1029.15	430.47	47.01	1.73	2.39	0.11	2.19	−1.19	−1.95
		1991～2019	1038.76	454.38	29.33	2.22	2.29	0.06	2.34	−1.34	−2.04
	利津	1970～1985	1038.96	433.41	43.79	1.79	2.40	0.10	2.45	−1.45	−2.21
		1986～2019	1037.86	457.32	21.44	2.51	2.27	0.05	2.55	−1.55	−2.21

表 3-3 列出了各水文站突变前后的水文气候特征值和径流对潜在蒸散量、降水量以及地表参数的弹性系数。各水文站变化期的年均径流深均较基准期减少；年均降水量均较基准期增加；除利津水文站外，其余水文站的年均潜在蒸散量均较基准期增加；干旱指数（ET_0/P）较基准期减小；径流系数也较基准期减小。径流与 ET_0、ω 呈负相关关系，但与 P 呈正相关关系，3 个弹性系数绝对值最大的为 P，居中间的为 ω，最小的为 ET_0。

图 3-4 为 1970～2019 年各水文站实测径流量对气候和地表变化的年弹性系数，其反映了气候与地表参数对不同时期径流的影响。由图 3-4 可知，各水文站降水量弹性系数（ε_P）和 ET_0 弹性系数（ε_{ET_0}）的绝对值表现为极显著增加（$p<0.01$）；黄河源区和上游的水文站下垫面参数弹性系数（ε_ω）的绝对值表现为不显著增加趋势，而中下游的水文站 ω 的弹性系数的绝对值表现为极显著增加趋势（$p<0.01$），表明黄河流域中下游的径流变化对气候因素和人类活动变化的敏感性将愈发强烈，黄河流域源区和上游的径流变化仅对气候因素变化的敏感性将愈发强烈。对不同水文站分析发现，ε_P、ε_{ET_0} 和 ε_ω 的绝对值整体表现为下游>中游>上游>源区，表明黄河流域中下游的径流变化对气候因素和人类活动的变化更加敏感。

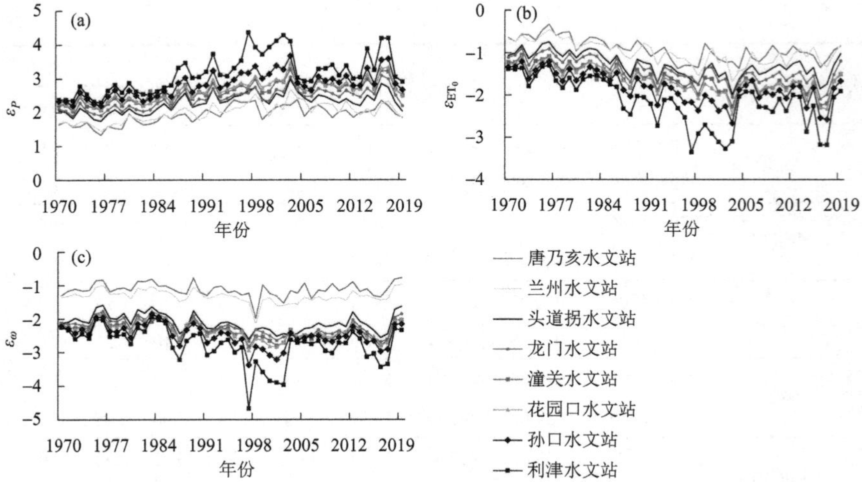

图 3-4　降水量、潜在蒸散量和下垫面参数的弹性系数年际变化

3.2.3　气候要素和人类活动对实测径流的贡献率

气候因素（降水量和潜在蒸散量）和人类活动（下垫面参数 ω）对径流变化的影响程度如表 3-4 所示。由表 3-4 可知，Budyko 假设方法反演的径流深变化（dR'）与实际径流深的变化（dR）相差很小，相对误差（δ）均小于 15%，说明本书在评估气候因素和人类活动对径流变化的贡献率时采用的方法真实有效。降水量的增加（或减少）、潜在蒸散量的减小（或增加）和人类活动的增加（减小）对径流量减少有负（正）的贡献。

由表 3-4 可以看出，黄河流域不同集水面降水量、潜在蒸散量的变化和人类活动对径流变化的影响程度不同。总体而言，人类活动是导致黄河流域实测径流量减少的最主要原因，人类活动对黄河流域实测径流减少的正贡献率在 125.31%～417.78%，而气候因素中降水对黄河流域实测径流减少的影响要明显高于潜在蒸散量，气候因素对黄河流域实测径流减少的负贡献率在–317.78%～–25.31%；人类活动对实测径流量变化的影响程度是气候因素的 1.31～4.95 倍，下游人类活动对实测径流变化的影响程度是气候因素的 4 倍以上，中游人类活动对实测径流变化的影响程度是气候因素的 2 倍以上，上游人类活动对实测径流变化的影响程度是气候因素的 1.5 倍以上，仅有源区人类活动对实测径流变化的影响程度不足气候因素的 1.5 倍。

综合以上分析，人类活动是黄河流域实测径流减少的主要原因，降水量变化次之，潜在蒸散量的影响较小，并且人类活动对实测径流量减少的影响程度在黄河流域下游最剧烈，在黄河流域中游较剧烈，在黄河流域上游较温和，而在黄河源区最温和。

表 3-4　黄河流域径流变化的归因识别

子流域	水站站点	基准期	人类活动期	dR_{ET_0}/mm	dR_P/mm	dR_ω	dR/mm	dR'/mm	δ/%	C_{ET_0}/%	C_P/%	C_H/%	$\frac{\lvert C_H\rvert}{\lvert C_{ET_0}+C_P\rvert}$
源区	唐乃亥	1970～1988	1989～2019	−1.12	49.85	−64.06	−19.47	−17.33	12.35	7.3	−325.09	417.78	1.31
上游	兰州	1970～1989	1990～2019	−2.51	29.87	−51.39	−26.73	−24.03	11.24	10.45	−124.31	213.85	1.88
	头道拐	1970～1986	1987～2019	−0.4	14.14	−30.83	−19.48	−17.09	13.98	2.36	−82.75	180.39	2.24
中游	龙门	1970～1986	1987～2019	−0.26	11.85	−27.32	−18.02	−15.72	14.63	1.64	−75.36	173.72	2.36
	潼关	1970～1990	1991～2019	−0.75	6.87	−22.03	−16.72	−15.91	5.09	4.74	−43.18	138.44	3.6
	花园口	1970～1990	1991～2019	−0.73	6.30	−23.07	−18.61	−17.5	6.34	4.17	−35.98	131.81	4.14
下游	孙口	1970～1990	1991～2019	−0.62	5.58	−21.82	−17.68	−16.87	4.80	3.68	−33.07	129.39	4.4
	利津	1970～1985	1986～2019	0.07	4.80	−24.1	−22.35	−20.24	10.42	−0.34	−24.97	125.31	4.95

3.3 小　结

我国政府在黄河流域实施了一系列生态保护工程，以控制水土流失等问题。本章以黄河流域为研究区，分析黄河流域干流 8 个主要的水文站和气象要素的变化趋势，并根据 Budyko 假设，采用弹性系数法揭示导致黄河流域实测径流变化的主要原因，结果表明：

（1）1970～2019 年，黄河流域非雨季降水量呈显著增加趋势，干燥指数呈现显著下降趋势，潜在蒸散量呈不显著增加趋势；雨季和年降水量、潜在蒸散量、干燥指数均呈现不显著变化趋势。但存在明显的区域差异，黄河流域的湟水流域、窟野河流域和无定河流域附近降水量呈现显著的增加趋势；黄河流域上游东部的潜在蒸散量呈现显著减少的变化趋势；黄河源区的西北部和无定河流域附近的干燥指数呈现显著下降的变化趋势；黄河流域实测径流减少速率为源区＜上游＜中游＜下游。

（2）黄河流域年径流量突变时间介于 1985～1990 年，相较于基准期，年均径流深干旱指数（ET_0/P）和径流系数均减小；年均降水量增加；除利津水文站外，其余水文站的年均潜在蒸散量均增加。径流与 ET_0、ω 呈负相关关系，与 P 呈正相关关系，3 个弹性系数的绝对值最大的为 P，居中间的为 ω，最小的为 ET_0。从 3 个弹性系数年际变化可知，各水文站 P 和 ET_0 的弹性系数的绝对值呈极显著增加趋势；源区和上游的水文站 ω 的弹性系数的绝对值呈不显著增加趋势，而中下游的水文站 ω 的弹性系数的绝对值呈极显著增加趋势，ε_P、ε_{ET0} 和 ε_ω 的绝对值整体表现为下游＞中游＞上游＞源区，揭示黄河流域中下游的实测径流变化对气候因素和人类活动的变化更加敏感，且这种敏感性将愈发强烈。

（3）人类活动是黄河流域实测径流减少的主要原因，降水量变化次之，潜在蒸散量的影响较小，人类活动对黄河流域的实测径流减少的正贡献率在 125.31%～417.78%，气候因素对黄河流域的实测径流减少的负贡献率在–317.78%～–25.31%；人类活动对实测径流量变化的影响程度是气候因素的 1.31～4.95 倍，且自源区到下游人类活动对实测径流量变化的影响程度在逐渐增强。

第 4 章　多源降水融合驱动的黄河源区径流模拟

基于多源降水产品相融合的方法能够在一定程度上减少其在水文和气象方面估计的模糊性。然而，大部分的多源降水数据融合仅能实现单个降水产品和地面雨量观测数据相融合或多源降水产品和地面雨量观测数据的线性融合，只有少数研究实现了多种降水产品的非线性融合。其中，贝叶斯平均模型（BMA）方法是一种更加先进的集合加权方法，它利用地面观测值来分析不同产品的精度，可用于降水产品的加权。与普通线性或非线性方法相比，BMA 提供了更加合理的预测模糊度的描述，表示在模型间和模型内的变化。然而，BMA 依赖所有集合预报成员，某种预报成员区域模拟效果不佳会影响整体预报结果，因此本书提出基于统计评估的 BMA，即通过组合不同产品的最优权重，得到长时间序列的降水资料过程，以期提高地面观测站缺测地区的降水数据精度。

黄河流域作为我国水旱灾害频发的地区之一，降水时间变率大、空间分布不均。空间化降水资料的准确与否，将在较大程度上影响水文模拟预报、旱涝灾害防治和水资源规划管理等方案的实施效果。因此，本章针对 CHIRPS、CPC、TRMM、GPM、PERSIANN-CDR、ERA5、贝叶斯融合的降水产品和基于统计评估的贝叶斯融合降水产品，以黄河流域为研究区域，评估八种降水产品在黄河流域的适用性，并构建黄河源区的 VIC 水文模型，分析基于统计评估的贝叶斯融合降水产品在水文模拟应用中的效果。本书的研究方法和成果可为黄河流域水循环和气候变化研究提供参考，为相关区域的水资源评估和管理提供科学指导及决策依据。

4.1　基于统计评估的 BMA 模型参数估计

图 4-1 展示了黄河流域率定站点的月 BMA 权重结果，图中编号 1～222 表征率定的气象站点编号。从图 4-1 可以看出，不同率定站点 BMA 的权重具有较大差异，同时 12 个月的 BMA 权重也具有明显差异，说明考虑黄河流域的月变化特征对率定 BMA 模型有一定的实践意义。此外，不同率定站点非雨季（10 月～次年 4 月）权重波动较大，表明非雨季模拟不确定性仍然较大；而在黄河流域雨季（5 月～9 月）大多数站点 ERA5 和 GPM 所占权重最大，而 CHIRPS 和 CPC 所占权重最小，这在一定程度上说明 ERA5 和 GPM 对雨季日降水量的模拟能力相对较优。

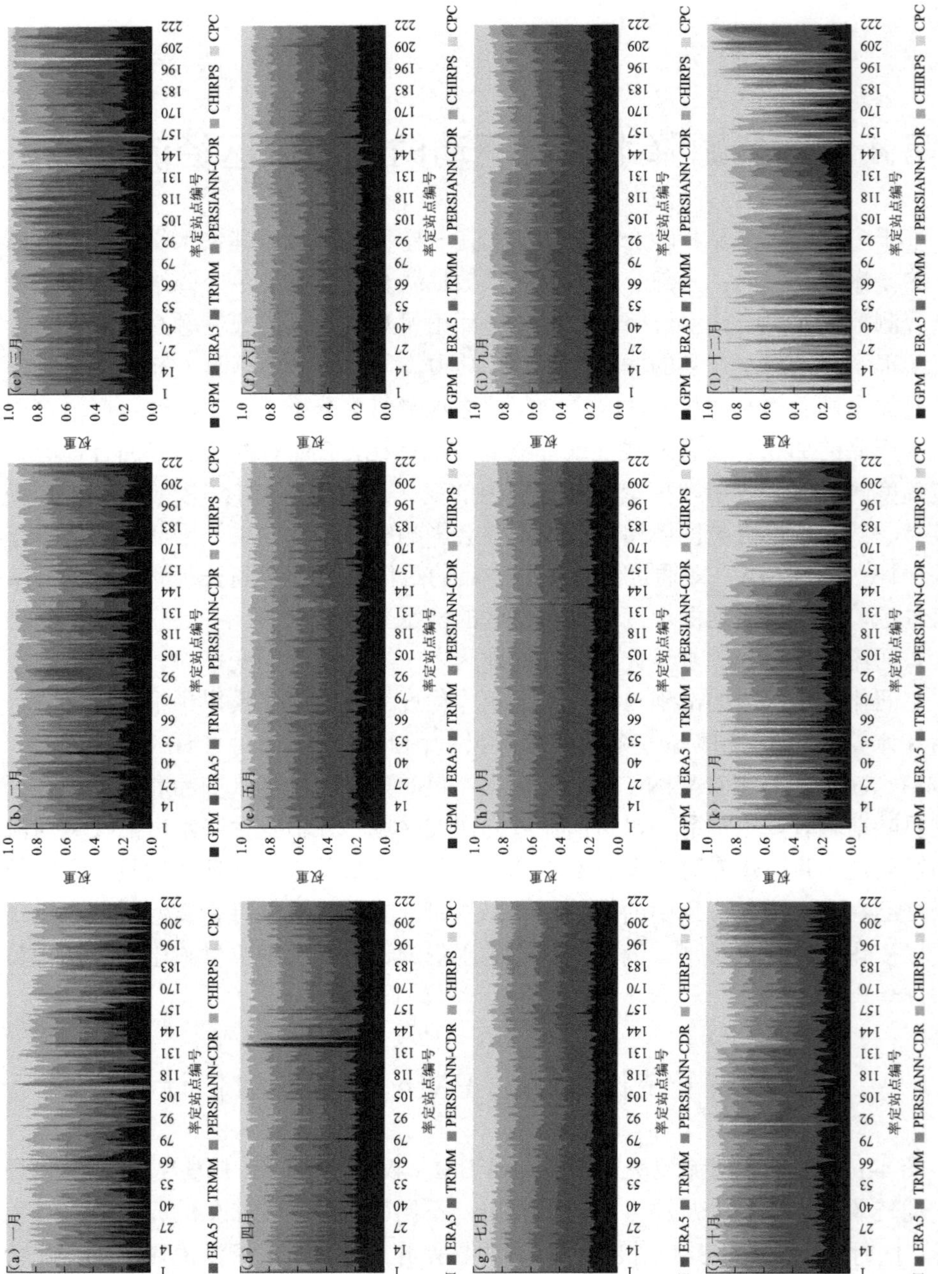

图 4-1　黄河流域率定站点的日降水量月 BMA 权重

图 4-2 展示了黄河流域率定站点实测值与不同组合下降水融合产品模拟值的差距，图中 GPM、ERA5、TRMM、PERSIANN-CDR、CHIRPS 和 CPC 简称为 G、E、T、P、C、C+。例如，GEPC+为 GPM、ERA5、PERSIANN-CDR 和 CPC 的融合结果。从图 4-2 中可以看出，单一的降水产品相较于降水融合产品往往模拟效果不佳（如最佳的降水产品 ERA5 仅排在 41 位，GEPC+相较于 ERA5 总体性能提高了 10.80%）；选择的降水产品种类越多，不一定具有更高的模拟性能（如 GEPC+相较于 GETPCC+总体性能提高了 3.19%）；CHIRPS 和 CPC 降水产品在整个研究时段的表现效果均不尽如人意，但在大多数情况下 CPC 与其他降水产品融合能够有效地提高融合产品的总体性能，而 CHIRPS 却降低了融合产品的总体性能，说明降水产品的优劣对于整体的融合效果具有一定的不确定性。因此，选择率定站点整体性能最优的 GEPC+和传统贝叶斯平均模型融合的 GETPCC+开展后面的研究。

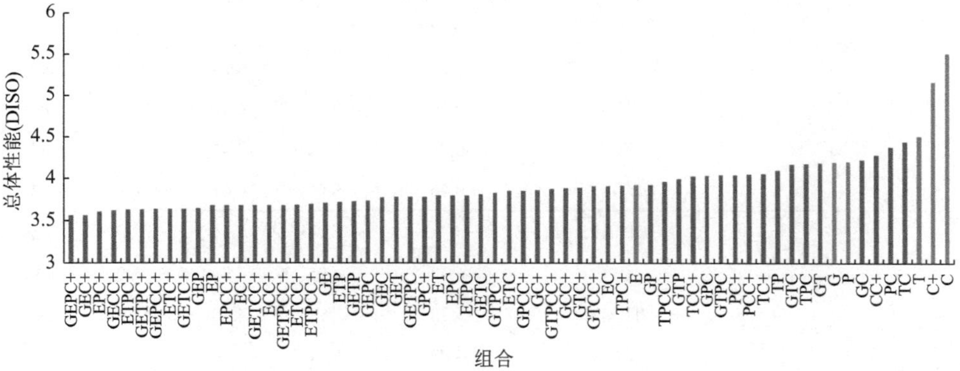

图 4-2　黄河流域率定站点实测值与不同组合下降水融合产品模拟值的差距

4.2　降水产品评估

4.2.1　日尺度精度对比

为了定量评估八种降水产品在黄河流域逐日降水量监测中的适用性，基于验证站点所在位置的降水产品栅格值和地面观测值计算黄河流域日降水量的相对偏差（BIAS）、相关系数（CC）、均方根误差（RMSE）和总体性能（DISO），并将研究区划分为四个子流域（黄河源区、上游、中游和下游）来进行评估。表 4-1 为黄河流域及子流域日尺度验证站点的降水观测值与相应网格内降水产品模拟值的对比评估结果，该表中加粗显示的部分为各指标下的最优降水产品。

表 4-1 日尺度验证站点的降水观测值与相应网格内降水产品模拟值的对比评估

统计指标	产品	黄河流域	源区	上游	中游	下游
BIAS/%	CHIRPS	9.06	10.37	12.83	6.86	8.83
	CPC	**1.81**	**0.59**	**6.39**	**−0.11**	−4.9
	TRMM	5.44	1.56	7.56	5.7	−8.51
	GPM	7.38	−2.81	12.69	6.22	−3.24
	PERSIANN-CDR	5.82	21.47	6.72	4.5	**−3.14**
	ERA5	25.25	39.19	42.04	15.99	6.47
	GEPC+	7.46	10.31	13.83	3.76	−3.89
	GETPCC+	6.96	9.9	13.03	4.08	−3.4
CC	CHIRPS	0.27	0.28	0.22	0.29	0.28
	CPC	0.05	0.14	0.05	0.03	0.07
	TRMM	0.33	0.33	0.25	0.37	0.3
	GPM	0.42	0.38	0.37	0.46	0.37
	PERSIANN-CDR	0.29	0.32	0.24	0.32	0.31
	ERA5	0.49	0.49	0.46	**0.52**	**0.46**
	GEPC+	**0.50**	**0.50**	**0.47**	**0.52**	0.45
	GETPCC+	0.46	0.45	0.41	0.5	0.42
RMSE /（mm/d）	CHIRPS	6.7	6.14	5.15	7.4	9.54
	CPC	6.12	4.95	4.39	6.99	8.92
	TRMM	5.38	5.1	4.18	5.86	8.03
	GPM	4.99	5.01	3.79	5.46	7.59
	PERSIANN-CDR	5.05	5.23	3.78	5.55	7.45
	ERA5	4.67	4.07	3.6	5.14	7.09
	GEPC+	**4.05**	**3.55**	**2.99**	**4.5**	**6.5**
	GETPCC+	4.39	3.9	3.31	4.84	6.85
DISO	CHIRPS	5.43	3.69	5.98	5.3	5.32
	CPC	5.03	3.02	5.35	5.05	4.96
	TRMM	4.42	3.05	5	4.22	4.53
	GPM	4.06	2.99	4.49	3.91	4.27
	PERSIANN-CDR	4.11	3.14	4.49	3.99	4.18
	ERA5	3.85	2.48	4.34	3.7	3.97
	GEPC+	**3.26**	**2.06**	**3.61**	**3.17**	**3.49**
	GETPCC+	3.58	2.35	3.94	3.47	3.79

由表 4-1 可知，同一种降水产品在黄河流域不同分区对降水的探测精度有明显的区域异质性。就 CC 值而言，中游>源区>下游>上游；就 RMSE 值而言，下游>中游>源区>上游。由此可见，CC 值最大的，其 RMSE 值也相对较大，这是因为相关系数（CC）只能反映两组数据之间的一致性，不能反映两者在数值上的差异，RMSE 的大小与黄河流域降水量空间分布有关，降水量级越大，其 RMSE 也越大。

另外，BIAS 是地面观测站和降水产品之间的差异，因此可以区分每个地面观测站处降水产品的高估和低估。八种降水产品相比于地面观测站均高估了实际降水量，尤其是 ERA5 在下游较为严重，但 ERA5、GEPC+和 GETPCC+预计显示出与地面观测站的最佳线性相关性，其次是 GPM 和 TRMM，表明 ERA5、GEPC+、GETPCC+的模拟值与地面观测值的一致程度高。此外，ERA5、GEPC+、GETPCC+的 RMSE 和 DISO 也处于较低水平；相比之下，CHIRPS 和 CPC 具有最高的 RMSE 和 DISO，预期 CHIRPS 和 CPC 对于黄河流域降水预估性能不佳。

然而，相对于单一类型降水产品，多源数据融合后的降水产品模拟值在整个黄河流域更接近于观测值，GEPC+总体性能优于 GETPCC+，这个结果证实了贝叶斯平均模型在融合黄河流域的降水产品中具有很强的代表性，且考虑统计评估后，这种优势被进一步放大。总的来说，基于统计评估的贝叶斯平均模型（GEPC+）相较于传统的贝叶斯模型（GETPCC+）和单一降水产品在总体性能方面分别提高 7.9%～12.34%和 23.10%～32.72%，尤其在黄河源区提高了 12.34%和 32.72%，表明 GEPC+相对于其他降水产品在黄河源区的模拟值更接近于地面观测值。

4.2.2　日降水捕捉能力检验

本书引入一系列新的指标来评价六种降水产品和两种融合产品在探测逐日降水方面的能力，图 4-3 展示了八种产品探测率（POD）、误报率（FAR）和公正预兆评分（ETS）的空间分布和箱型图。

由图 4-3（a1）～（a9）可知，八种降水产品的 POD 在黄河流域呈显著的空间分布特征，POD 高值区主要分布于黄河源区，低值区主要位于黄河中上游。对比不同降水产品的 POD 发现，GEPC+和 GETPCC+的 POD 明显高于其他降水产品，在黄河流域的大部分区域 POD>0.96；而 ERA5 仅在黄河源区的 POD>0.96。ERA5 和融合产品在正确探测降水事件方面优于其他降水产品的主要原因是，卫星降水产品易遗漏微弱降水事件，造成其反演结果与地面观测值结果不一致，使得 POD 降低。在冬春季，雪是黄河流域的主要降水形式，冰雪覆盖对反射信号有很强的干扰作用，造成卫星红外和微波观测数据的精度降低，最终导致合成的卫星降水产品对降雪事件的探测能力减弱。

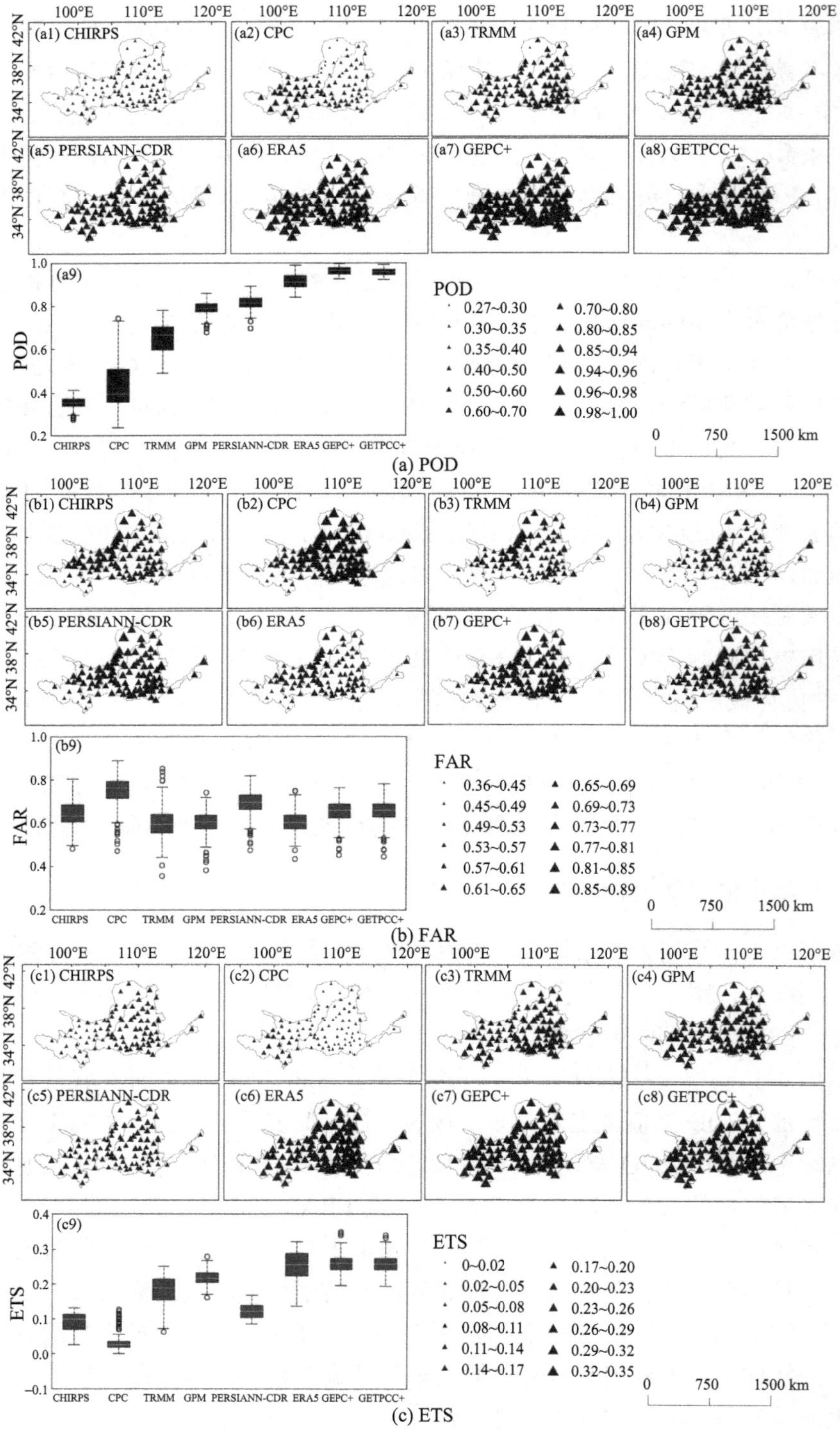

图 4-3　衡量降水事件侦探能力的分类统计指标的空间分布

由图 4-3（b1）～（b9）可知，FAR 在黄河流域的空间分布格局与 POD 相似，八种降水产品 FAR 的高值区主要集中分布在黄河流域的中上游，而黄河源区的 FAR 普遍偏低。对比不同降水产品发现，ERA5、GPM 和 TRMM 在 FAR 方面优于融合降水产品，误报率普遍低于 0.61。这一点证实了多数降水产品易误报日降水的发生，且融合降水产品误报率相对偏高，主要是因为融合降水产品高估了微弱降水事件。

由图 4-3（c1）～（c9）公正预兆评分（ETS）的空间分布可知，多数降水产品在黄河源区捕捉降水发生能力最优，其次是黄河流域中游，在黄河流域上游捕捉降水发生能力最差。综合八种降水产品发现，GEPC+表现出最佳的捕捉降水事件的能力，其次是 GETPCC+和 ERA5，而 CPC 在黄河流域对降水事件的捕捉能力最弱。此外，基于统计评估的贝叶斯平均模型（GEPC+）相较于传统的贝叶斯模型（GETPCC+）和单一降水产品在降水捕捉能力方面分别提高了–3.27%～3.74%和 61%～86%，尤其在黄河源区提高了 3.74%和 86%，表明 GEPC+相对于其他降水产品在黄河源区捕捉降水的能力略优于其他降水产品。

4.2.3　月尺度精度对比

图 4-4 展示了六种降水产品和两种融合产品在 94 个验证站点相关网格的逐月降水量对比。可见，八种降水产品和地面观测值之间的一致性较高，TRMM、GPM、GEPC+、GETPCC+优于 CHIRPS、ERA5、PERSIANN-CDR 和 CPC［图 4-4（a5）～（h5）］。对比不同子流域发现，GEPC+模拟值与观测值仅在黄河源区的误差量级最小，而其余的子流域均是 GETPCC+表现为最低的误差量级；此外，GEPC+模拟值与观测值在黄河源区展现出最高的一致性，其他区域与 GETPCC+的一致性相似。对于 CPC 而言，其与地面雨量观测站的一致性程度远逊于其他降水产品，尤其是 CPC 在黄河流域中游 CC 等于 0.30，表明 CPC 不能很好地表达黄河流域月降水量的变化情况，而融合产品在月降水量变化中表现出更强的适用性。

本书评估了逐月降水产品对海拔的依赖性。由图 4-5 可知，CPC 的 CC 随着海拔的增加呈现明显的上升趋势，其余降水产品的 CC 均随海拔的增加先呈现小幅度的下降趋势，然后再呈现出明显的上升趋势，表明 CPC 模拟值与实测值的一致程度相较于其他降水产品对海拔的依赖度更高；对于误差量级方面，所有降水产品均在 1800～2700m 海拔范围 RMSE 最低，并且随着海拔的变化，TRMM、GPM、GEPC+、GETPCC+的变化幅度最小，表明这四种降水产品的误差量级对海拔的依赖度更低。

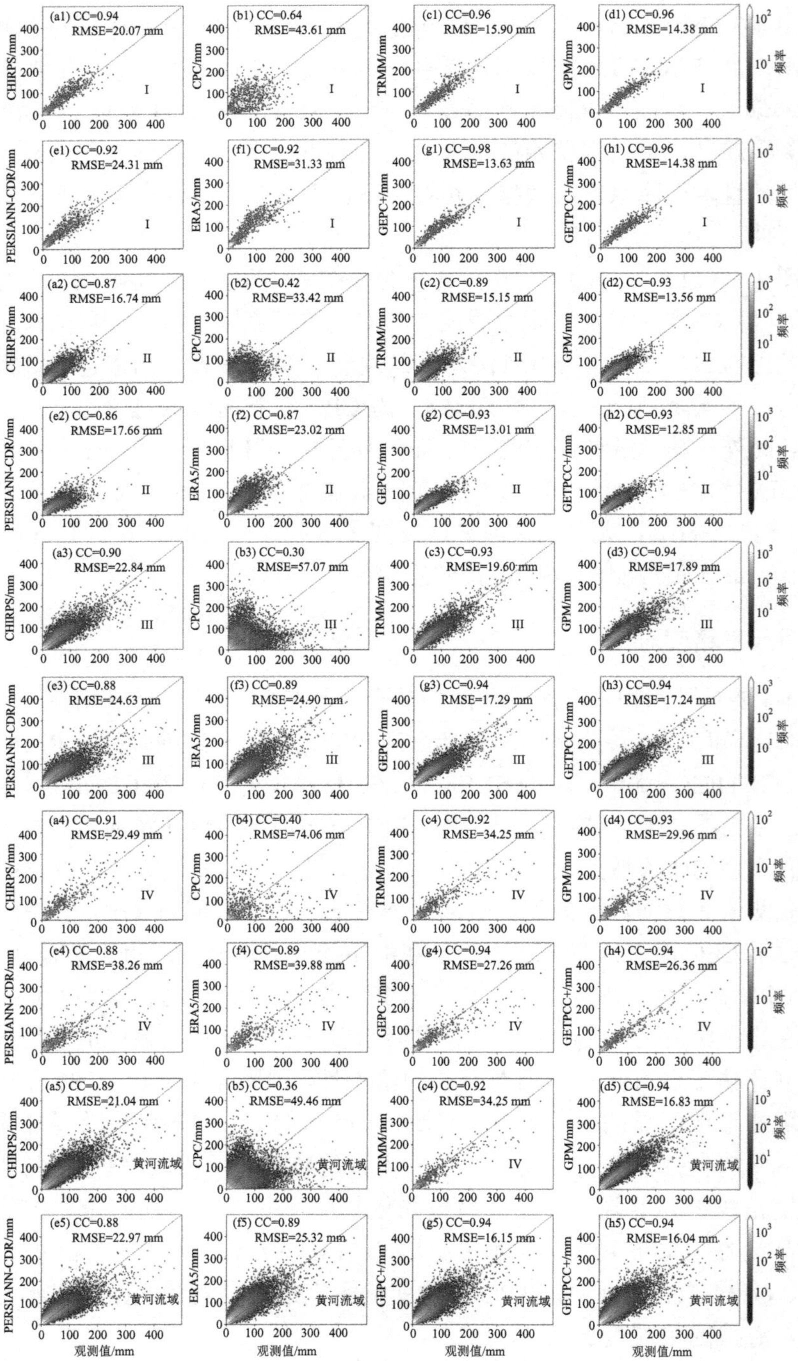

图 4-4　2001～2019 年黄河流域及各子流域验证站点的观测值和各降水产品模拟值的月降水散点密度

图例颜色表示使用高斯核估计的概率密度

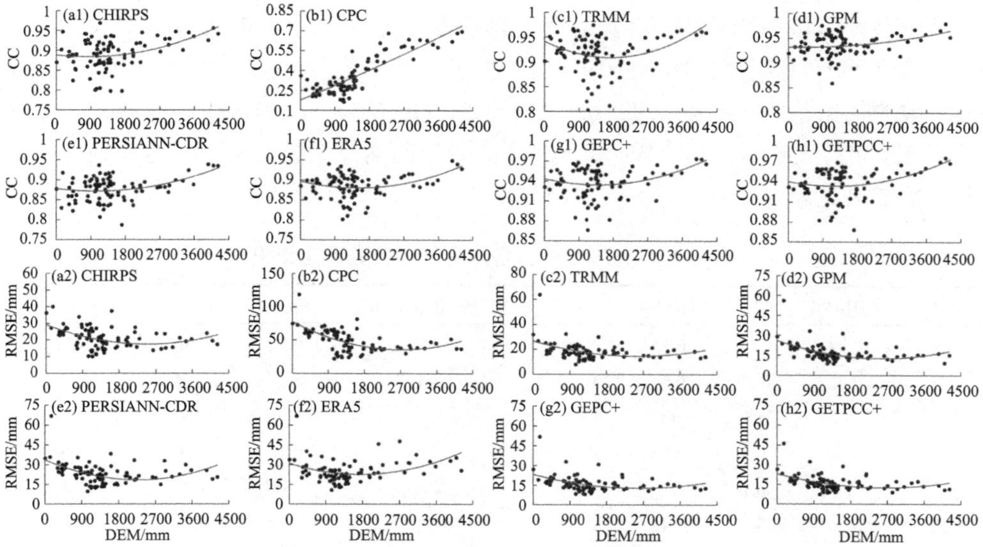

图 4-5　各降水产品的评估指标与海拔的关系

每个点代表一个地面观测站，实线表示用最小平方误差法估计的二阶多项式拟合曲线

4.3　融合降水产品的水文模拟精度评估

黄河源区相较于黄河流域其他区域水文、气象资料严重不足，目前黄河源区可获得的气象站点仅有 11 个，每万平方千米不足 1 个站点，实测的降水资料可能无法作为分布式水文模型的输入数据，导致模型在实际应用中有一定的局限性。因此，选择黄河源区评估融合降水产品在径流模拟中的适用性，以探究是否能填补黄河源区地面观测站的空白。此外，卫星遥感降水产品和再分析降水产品的持续改进，有效解决了气象站点空间连续性差和覆盖范围窄的弊端，为降雨缺测地区的水文模拟提供了可能性。前文已经证实了基于统计评估的贝叶斯模型融合的降水产品在逐日、逐月降水监测中具有较强的适用性，本节继而针对该融合降水产品在水文模拟中是否也具有一定的适用性展开研究，探究六套降水产品和两套多源降水融合产品在缺测地区水文模拟中的应用潜力。

本节的目的在于评估降水产品在水文模拟中的适用性，因此在水文模拟中的气象模块中只改变降水量。日最低气温、日最高气温和日平均风速均来源于地面观测站，插值方法采用反距离加权法，该方法合理地考虑了待插值区域距离地面观测站的距离，根据第 2 章建立的黄河流域 VIC 模型，进行水量和能量平衡模拟。

此外，考虑到各降水产品的来源不同，可能对率定参数有一定的影响，从而错误地研判降水产品在黄河源区的适用性，因此，本书使用 2002～2019 年逐日和逐月唐乃亥流量观测数据，将其划分为预热期（2002～2005 年）、率定期（2006～2015 年）和验证期（2016～2019 年）。为了保证率定效果的一致性，设置其余 6 个参数的初始值为 b=0.45、d2=0.5、d3=1.5、Ds=0.5、Ws=0.5 和 Ds_{max}=15，依次调整 d2、d3、Ds、Ds_{max}、Ws 和 b，使得率定期纳什系数（NSE）达到最佳，率定参数结果见表 4-2。

表 4-2　VIC-3L 模型各降水产品参数率定结果

参数	CHIRPS	CPC	TRMM	GPM	PERSIANN-CDR	ERA5	GEPC+	GETPCC+
b	0.34	0.08	0.25	0.33	0.2	0.55	0.36	0.32
Ds	0.42	0.50	0.54	0.45	0.44	0.77	0.44	0.42
Ds_{max}	15	15	15	15	15	15	15	15
Ws	0.49	0.5	0.52	0.43	0.45	0.44	0.49	0.49
d1	0.1	0.1	0.1	0.1	0.1	0.1	0.1	0.1
d2	0.50	0.3	0.42	0.34	0.57	0.58	0.21	0.24
d3	0.56	2.0	0.66	0.9	0.9	0.18	0.56	0.54

如图 4-6（a）和表 4-3 所示，8 个模拟实现的径流量结果与观测值吻合良好，它们均捕捉到与观测值类似的动态变化和流量峰值情景。在模型率定期，8 个产品驱动的径流模拟实现得到的 NSE 值介于 0.38～0.74，相关系数（R）值均高于 0.6，BIAS 值在–32.46%～–11.10%，表明 8 种降水产品的径流模拟结果对实测径流有一定的低估，低估现象主要集中在非雨季（10 月～次年 4 月），可能的原因是融冰、融雪引起的模拟误差。模型在预热期和验证期内表现出了类似率定期的良好性能，最高的 NSE 值出现在验证期 GEPC+产品的径流模拟（NSE=0.81）中，且相关系数高于 0.90。总体来看，基于统计评估的贝叶斯平均模型（GEPC+）相较于传统的贝叶斯模型（GETPCC+）和最优的单一降水产品（TRMM）在验证期的黄河源区径流模拟的 NSE 分别提高 9.46%和 15.71%。

图 4-6（b）和表 4-3 展示了 8 个模拟的实际蒸散量的验证和对比结果，模拟的实际蒸散量与水分能量耦合模型计算结果表现出较为一致的季节动态变化，模拟结果显示，在雨季（5 月～9 月）模拟值相较于水分能量耦合模型的计算值偏高，而 GEPC+在整个时间段仍然具有较高的模拟性能（NSE>0.6、CC≥0.8、BIAS<5%）。考虑到水分能量耦合模型计算结果本身的误差，该模拟结果被认为在可接受的范围内。在与 ERA5-Land 产品的对比验证中，模拟结果与该产品具有一致的空间分布和时间动态变化，多年平均模拟结果相对 ERA5-Land 产品偏高（BIAS=3.54%），该偏差在黄河源区东南部的非雨季更为显著，相对偏差高于 20%（图 4-7）。考虑到 ERA5-Land 产品本身的不确定性，本节认为模拟结果整体表现出较高的可靠性。

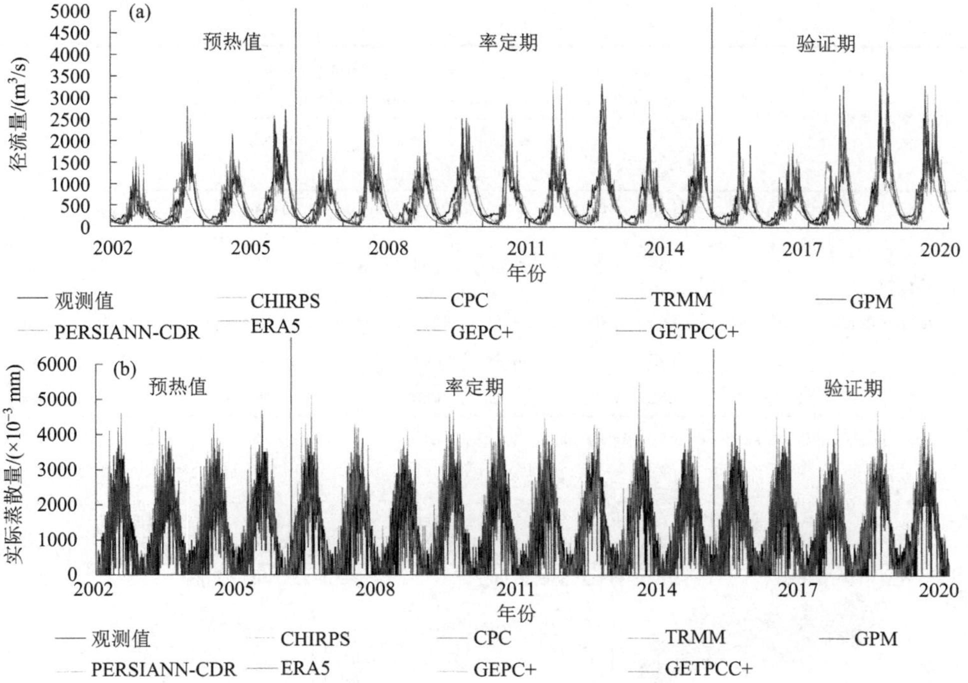

图 4-6　各降水产品驱动的 VIC-3L 模拟径流和蒸散评估

表 4-3　基于 VIC-3L 模型的 8 个降水产品模拟实现的径流量和实际蒸散量模拟评估

水文站和参数	产品	预热期（2002～2005 年）			率定期（2006～2015 年）			验证期（2016～2019 年）		
		NSE	CC	BIAS/%	NSE	CC	BIAS/%	NSE	CC	BIAS/%
唐乃亥日径流量	CHIRPS	0.62	0.83	−15.86	0.60	0.83	−14.38	0.64	0.84	−13.77
	CPC	0.39	0.69	−26.31	0.44	0.78	−32.46	0.40	0.71	−27.48
	TRMM	0.71	0.87	−18.57	0.57	0.81	−21.94	0.70	0.86	−5.81
	GPM	0.69	0.87	−15.17	0.60	0.83	−19.55	0.69	0.88	−2.87
	PERSIANN-CDR	0.64	0.82	**0.73**	0.38	0.69	−14.24	0.63	0.83	**0.04**
	ERA5	**0.80**	**0.94**	11.84	0.68	0.85	−13.95	0.61	0.84	−25.20
	GEPC+	0.76	0.90	2.40	**0.74**	**0.89**	**−11.10**	**0.81**	**0.92**	−8.45
	GETPCC+	0.76	0.89	−6.53	0.69	0.87	−16.43	0.74	0.88	−14.05
唐乃亥日实际蒸散量	CHIRPS	0.59	0.78	−11.55	0.54	0.76	−9.28	0.53	0.76	−6.13
	CPC	0.48	0.73	−14.84	0.42	0.70	−12.22	0.42	0.70	−7.78
	TRMM	0.58	0.79	−16.68	0.58	0.78	−12.79	0.57	0.77	−8.70

续表

水文站和参数	产品	预热期（2002～2005 年）			率定期（2006～2015 年）			验证期（2016～2019 年）		
		NSE	CC	BIAS/%	NSE	CC	BIAS/%	NSE	CC	BIAS/%
唐乃亥日实际蒸散量	GPM	0.58	0.81	−23.08	0.57	0.79	−19.30	**0.61**	**0.80**	−12.56
	PERSIANN-CDR	0.57	0.78	**1.56**	0.53	0.76	**3.43**	0.52	0.77	11.37
	ERA5	0.42	**0.82**	34.43	0.37	0.79	33.64	0.35	0.79	30.27
	GEPC+	**0.63**	0.81	−4.82	**0.61**	**0.80**	−3.96	**0.61**	**0.80**	1.69
	GETPCC+	0.62	0.80	−7.17	0.60	0.79	−5.96	0.60	0.79	**−0.47**

注：加粗数据代表各指标下的最优降水产品。

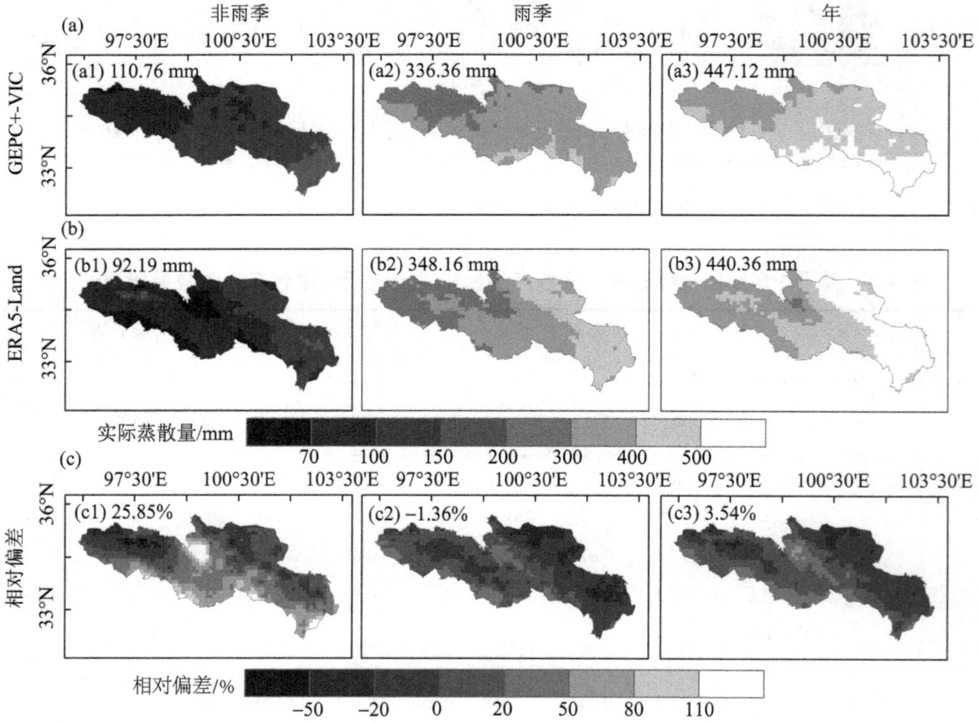

图 4-7 基于统计评估的贝叶斯模型实现的实际蒸散量与 ERA5-Land 产品的对比

图中分为非雨季（10 月～次年 4 月）、雨季（5 月～9 月）和全年 3 个时间段。（a）为 GEPC+-VIC 模拟；（b）为 ERA5-Land 模拟；（c）为二者的相对偏差

4.4　融合降水产品的水文模拟的不确定性分析

黄河源区降水的时空分布和不确定性对径流模拟至关重要。图 4-8（a）展示了 GEPC+降水产品的降水年均值分布情况，年均降水量呈现出自西北向东南递增的空间格局，在东南部区域，平均降水量高于 800mm，而西北部地区的平均降水量低于 400mm。图 4-8（b）展示了黄河源区降水的不确定性，依据变异系数的计算结果，黄河源区降水的变异系数值为 11%，降水差异主要集中在东北部，此处变异系数在 13%以上。在 2001～2019 年，黄河源区的平均降水量约为 621mm，波动区间（95%置信区间）在 341～900mm，而且总体表现为明显增加的趋势（5.15mm/a）[图 4-8（c）和（d）]。此外，黄河源区的降水具有明显的季节差异，大部分降水集中在夏季，5 月～9 月的平均降水量高于 100mm/月，而 10 月～次年 4 月的平均降水量低于 18mm/月[图 4-8（e）]。

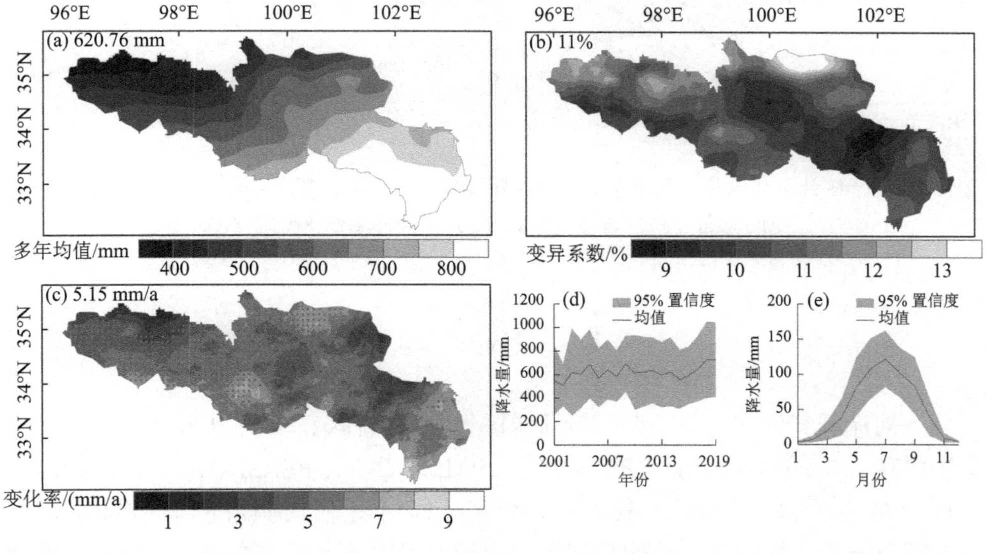

图 4-8　基于统计评估的贝叶斯模型黄河源区年均降水量（a）、变异系数（b）、年变化趋势的空间分布（c）、年降水序列（d）和月降水变化特征（e）

基于统计评估的贝叶斯模型融合的 GEPC+驱动的模拟结果，图 4-9（a）展示了黄河源区径流的空间分布、不确定性和变化趋势。从 GEPC+模拟的结果来看，黄河源区的年均径流量呈现出与降水量相似的空间分布特征，表现为从西北到东南递增的格局，从低于 40mm 到高于 160mm。径流的不确定性主要集中在高原西北部，变异系数在 20%以上[图 4-9（b）]。在 2001～2019 年，黄河源区的平均径流深为 63.50mm，波动区间（95%置信区间）在 42～84mm；径流总体表现为增加趋势，变化率约为 0.71mm/a，而东南部的径流深以大于 1.6mm/a 的趋势增加［图 4-9（c）和（d）］。黄河源区的径流与降水相似，具有明显的季节差异，径流高值集中在夏季，5 月～9 月的平均径流深高于 11mm/月，而 10 月～次年 4 月的平均径流深低于 2mm/月［图 4-9（e）］。

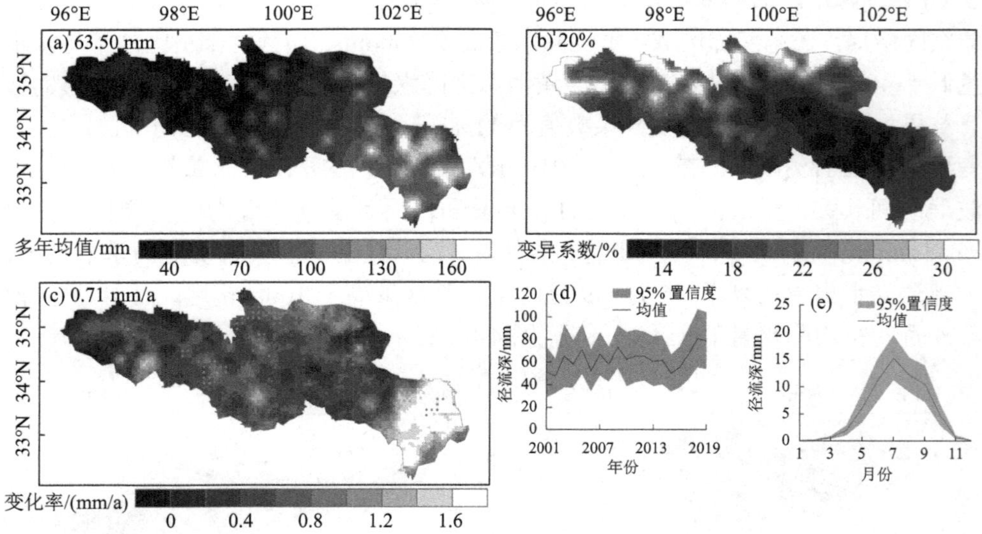

图 4-9　基于统计评估的贝叶斯模型黄河源区年均径流量（a）、变异系数（b）、年变化趋势的空间分布（c）、年径流序列（d）和月径流变化特征（e）

4.5　小　　结

黄河流域气候和地形复杂、黄河源区气象站点稀疏，给降水和水文模拟估算带来困难。本章在利用 CHIRPS、CPC、TRMM、GPM、PERSIANN-CDR、ERA5、贝叶斯融合的降水产品（GEPC+）和基于统计评估的贝叶斯融合降水产品（GETPCC+）进行精度评估的基础上，驱动大尺度分布式水文模型，探讨了黄河源区水文模拟的适用性，并分析了黄河源区降水量和径流深的时空变化，以及它们的不确定性和波动区间，得出如下结论：

（1）黄河流域日尺度上，GEPC+相较于 GETPCC+和单一的降水产品在总体性能方面分别提高了 7.9%～12.34%和 23.10%～32.72%，在降水捕捉能力方面分别提高了–3.27%～3.74%和 61%～86%，尤其是在黄河源区总体性能和降水捕捉能力均有大幅度提升，表明基于统计评估的贝叶斯平均模型能够填补缺资料或无资料地区的逐日降水数据。

（2）黄河流域月尺度上，八种降水产品和地面观测值之间的一致性较高，TRMM、GPM、GEPC+、GETPCC+优于 CHIRPS、ERA5、PERSIANN-CDR 和 CPC。对比不同子流域发现，GEPC+模拟值与观测值仅在黄河源区的误差量级最小，且展现出最高的一致性，其他区域其与 GETPCC+的一致性相似。此外，TRMM、GPM、GEPC+、GETPCC+对海拔的依赖性最低。

（3）采用基于统计评估的贝叶斯模型后的逐日降水时间序列，驱动 VIC 大尺度水文模型，结果显示在黄河源区均取得较好的模拟效果，径流模拟的率定期和验证期 NSE 均超过 0.74，实际蒸散量模拟的率定期和验证期 NSE 均超过 0.60，且 CC 和 BIAS 指标显示径流模拟一致性程度较高、误差较小。总体而言，基于统计评估的贝叶斯平均模型方法校正的日降水量时间序列能够满足水文模拟的应用要求。

（4）在 2001～2019 年，黄河源区的年均降水量和年径流深分别约为 621mm 和 63.50mm，均呈现从西北到东南递增的空间格局。降水量和径流深的年际变化均有增加趋势，分别约为 5.15mm/a 和 0.71mm/a。黄河源区的西北部降水数据和模拟的径流深均表现出一定程度的不确定性，变异系数分别超过 10%和 20%。黄河源区的西北部地形和气候条件复杂，站点稀少，难以进行充分的降水产品评估和模型参数调整，因此不确定性主要集中在黄河源区的西北部。

第5章　黄河流域径流响应的气候-LUCC耦合效应研究

已有研究揭示，黄河流域冬季气候呈现“暖湿化”趋势，黄河上游春季呈现“暖湿化”趋势，黄河中游秋季呈现“暖干化”趋势（刘勤等, 2012）。全球气候变暖导致黄河流域上游积雪冰川融化，使黄河流域径流普遍增加，在一定程度上缓解了黄河流域水资源短缺问题（梁鹏飞等, 2022a; Zou et al., 2022）。一方面，全球气候变暖加速水文循环，进而导致极端水文事件普遍增加（丁裕国等, 2008; Hirabayashi et al., 2021）。另一方面，改革开放以来，我国城市建设用地不断扩张，同时我国大力实施退耕还林还草等生态恢复工程，使部分流域水文循环发生显著改变（摆万奇和赵士洞, 2001; 景可和焦菊英, 2011; 赖夏华等, 2018）。气候变化和 LUCC 会对径流变化产生显著的影响，黄河网（http://www.yrcc.gov.cn）报道称，2021 年 8 月黄河流域受强降水的影响，河流水位不断升高，形成自中华人民共和国成立以来最严重的秋汛洪水。因此，有必要进一步探讨黄河流域气候水文变化特征，揭示气候变化和 LUCC 对径流及极端径流变化的定量影响。

本章主要解决以下三个问题：

（1）1961～2019 年黄河流域气候要素是如何变化的？

（2）1961～2019 年黄河流域径流和极端径流演变规律如何？

（3）气候变化和 LUCC 对径流及极端径流变化的影响程度如何，气候变化和 LUCC 对径流及极端径流变化的相对贡献率分别是多少？

5.1　黄河流域气象要素变化特征

研究表明，降水量、气温和风速是影响径流变化的关键气候要素（孙凡博等, 2019; 梁鹏飞等, 2022b）。为了揭示气候变化对黄河流域径流变化的影响，需要首先了解气候要素的时空演变特征，了解其变化趋势和突变特征。本节重点分析黄河流域 1961～2019 年 59 年间主要气候要素在时间和空间上的变化特征，以全面了解黄河流域气候变化的趋势和特征。这些气候要素均是 VIC 模型主要的驱动气象因子。

5.1.1　降水时空变化趋势分析

通过气象观测数据，分析黄河流域 1961～2019 年年均降水量及其变化趋势空间分布特征（图 5-1）。由图 5-1（a）可知，黄河流域多年平均降水量约为 472.09mm，多年平均降水量空间差异明显，呈现出自东南向西北递减的空间分布格局。可见黄河流域年降水空间分布不均，西北地区年均降水量低于 200mm，黄河源区东南部巴颜喀拉山脉和黄河流域中下游年均降水量大于 600mm。由图 5-1（b）可知，黄河流域年均降水量变化趋势约为 16.47mm/10a，但其空间格局具有较大的差异，黄河源区西北部、上游西南部和中游西北部的年均降水量增加幅度较大，变化趋势大于 10mm/10a，且呈现显著增加的变化趋势，这些区域约占黄河流域总面积的 47.43%。此外，黄河流域汾河附近降水量呈现不显著减少的变化趋势，占黄河流域总面积的 13.45%。黄河源区西北部和上游西南部的年均降水量显著增加可能直接导致总径流、基流和天然径流大幅度增加（陈利群等, 2006）。

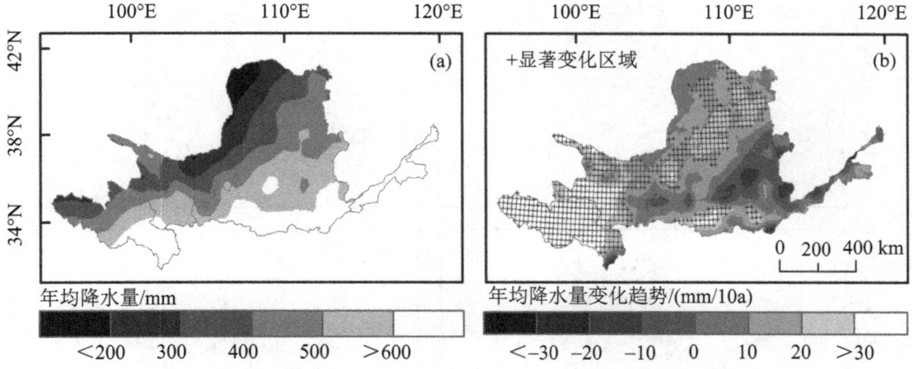

图 5-1　黄河流域年均降水量及其变化趋势空间分布

进一步通过气象观测数据分析黄河流域 1961～2019 年四季降水量及其变化趋势的空间分布特征（图 5-2）。由图 5-2（a）可知，黄河流域四季降水量从高到低依次为夏季（266.83mm）>秋季（113.16mm）>春季（84.34mm）>冬季（7.76mm），夏季降水量占全年降水量的 56.52%，四季降水量空间格局变化与年均降水量空间格局较为一致，均呈现出由东南向西北递减的空间分布格局。由图 5-2（b）可知，黄河流域四季降水量变化率从大到小依次为春季（6.05mm/10a）>夏季（3.68mm/10a）>秋季（3.65mm/10a）>冬季（2.72mm/10a），其中春季和秋季降水量呈显著变化的区域主要集中分布在黄河流域源区、上游西南部和黄河流域北部，分别占研究区总面积的 48.20%和 41.39%，夏季降水量呈显著变化的区域主要集中分布在黄河源区西南部，占研究区总面积的 16.91%，而黄河流域冬季大部分区域降水量均呈现显著增加趋势，占研究区总面积的 99.23%。冬季降水量变化趋势显著，但变化率最低，主要原因是冬季降水量偏枯，幅度变化较小。此外，夏季黄河流域汾河和渭河西部降水量呈现不显著减少的变化趋势，占黄河流域总面积的 26.47%；而秋季黄河流域中下游大部分区域降水量呈现不显著减少的变化趋势，占黄河流域总面积的 30.53%。以上分析表明，黄河流域 1961～2019 年以春季降水量增幅最大，汾河和渭河西部夏季降水量减少，中下游秋季降水量减少。

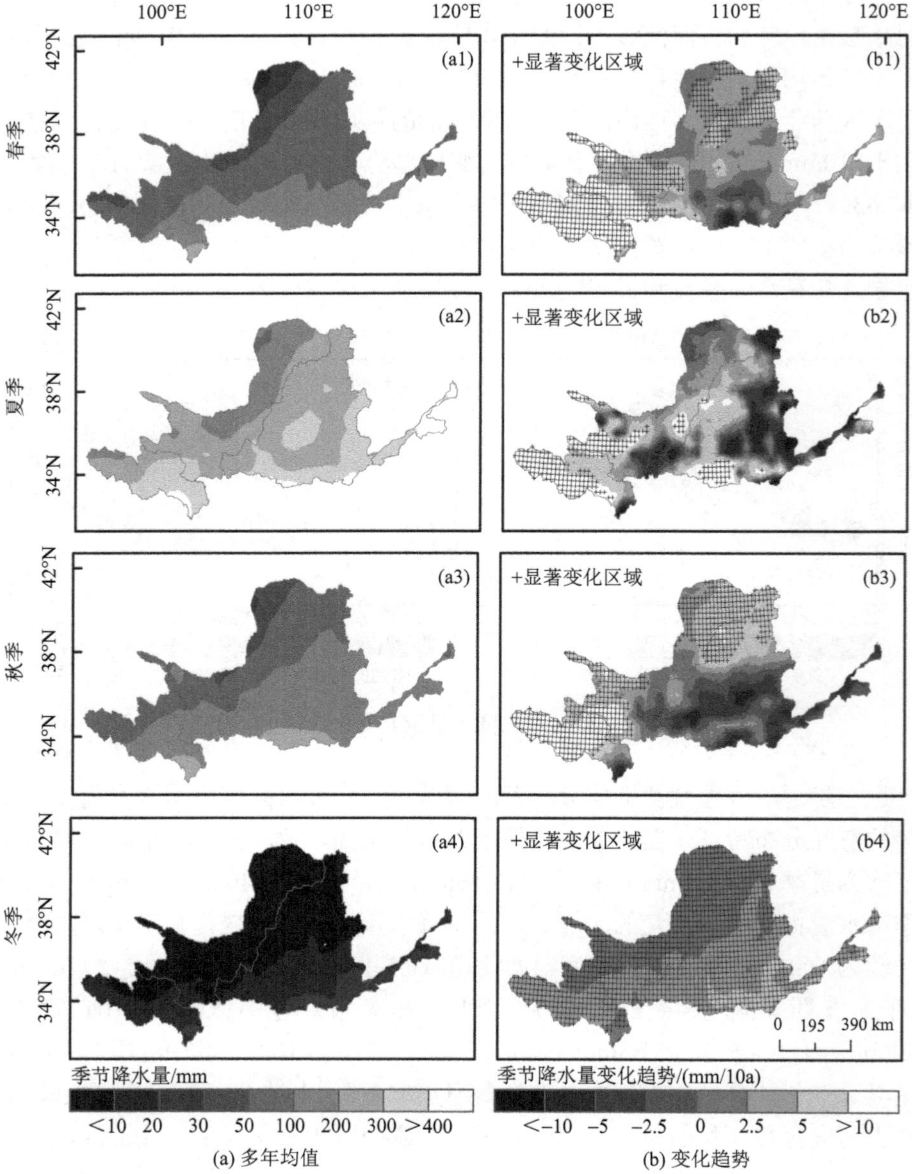

图 5-2　黄河流域季节降水量及其变化趋势空间分布

5.1.2　气温时空变化趋势分析

通过气象观测数据分析黄河流域 1961～2019 年多年平均气温、最高气温和最低气温及其变化趋势的空间分布特征（图 5-3）。由图 5-3（a）、（c）、（e）可知，黄河流域年均最高气温、最低气温和平均气温约为 14.5℃、1.7℃和 7.5℃，年均最高气温、最低气温和平均气温空间分布格局基本一致，呈现自东南向西北递减的空间格局，在黄河流域中下游气温达到最大值，年均最高气温、最低气温和平均气温分别高于 15.0℃、3.0℃和 9.0℃，而在黄河源区西北部气温达到最低值，年均最高气温、最低气温和平均气温分别低于 9.0℃、–6.0℃和 3.0℃。由图 5-3（b）、（d）、（f）可知，黄河流域年最高气温、最低气温和平均气温的变化趋势分别为 0.34℃/10a、0.43℃/10a 和 0.36℃/10a，且黄河流域大部分区域最高气温、最低气温和平均气温的变化趋势通过显著性检验，分别占黄河流域总面积的 85.72%、

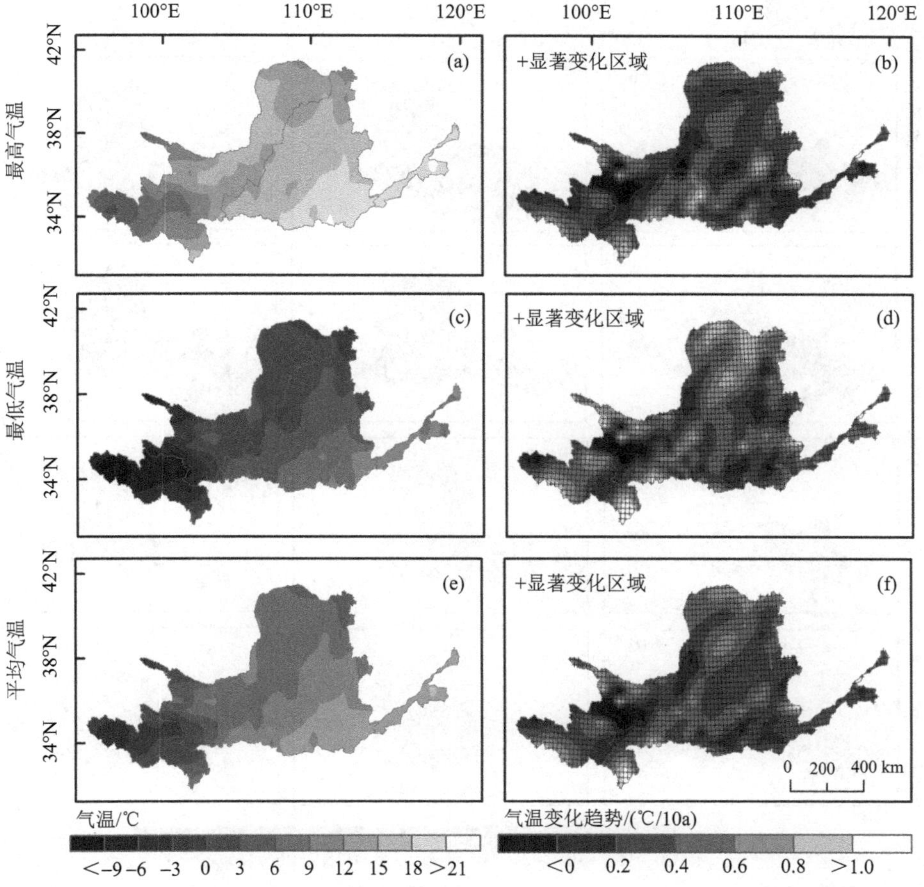

图 5-3　黄河流域年均最高气温、最低气温和平均气温及其变化趋势空间分布

90.59%和 90.82%。综合以上分析表明，1961～2019 年黄河流域最低气温增幅最大，而最高气温增幅最小。此外，黄河流域降水量的增加和气温的升高表明，黄河流域 1961～2019 年呈现暖湿化的变化趋势，与以往研究结论相一致（王胜杰等，2021）。

进一步通过气象观测数据分析黄河流域 1961～2019 年四季最高气温、最低气温和平均气温及其变化趋势的空间分布特征（图 5-4 和图 5-5）。由图 5-4 可知，黄河流域四季气温分布特征如下：最高气温和平均气温均呈现夏季（25.7℃、19.3℃）>春季（15.9℃、8.7℃）>秋季（14.4℃、7.5℃）>冬季（2.0℃、−5.7℃）的规律；而最低气温则表现为夏季（13.6℃）>秋季（2.3℃）>春季（2.2℃）>冬季（−11.5℃）的独特序列。在空间格局上，四季气温与年尺度特征一致，均遵循东南高、西北低的纬向分布规律。由图 5-5 可知，黄河流域四季的最高气温、最低气温和平均气温均呈现显著的上升趋势；其中，春季最高气温、最低气温和平

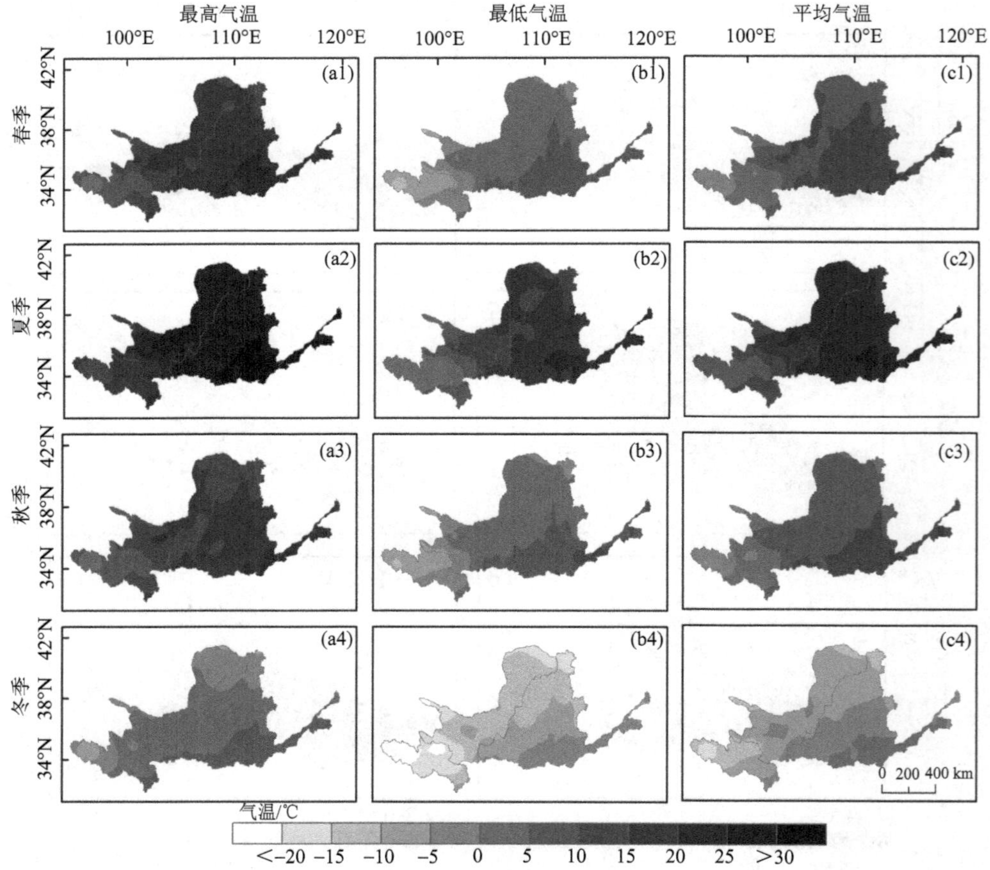

图 5-4　黄河流域四季最高气温、最低气温和平均气温空间分布

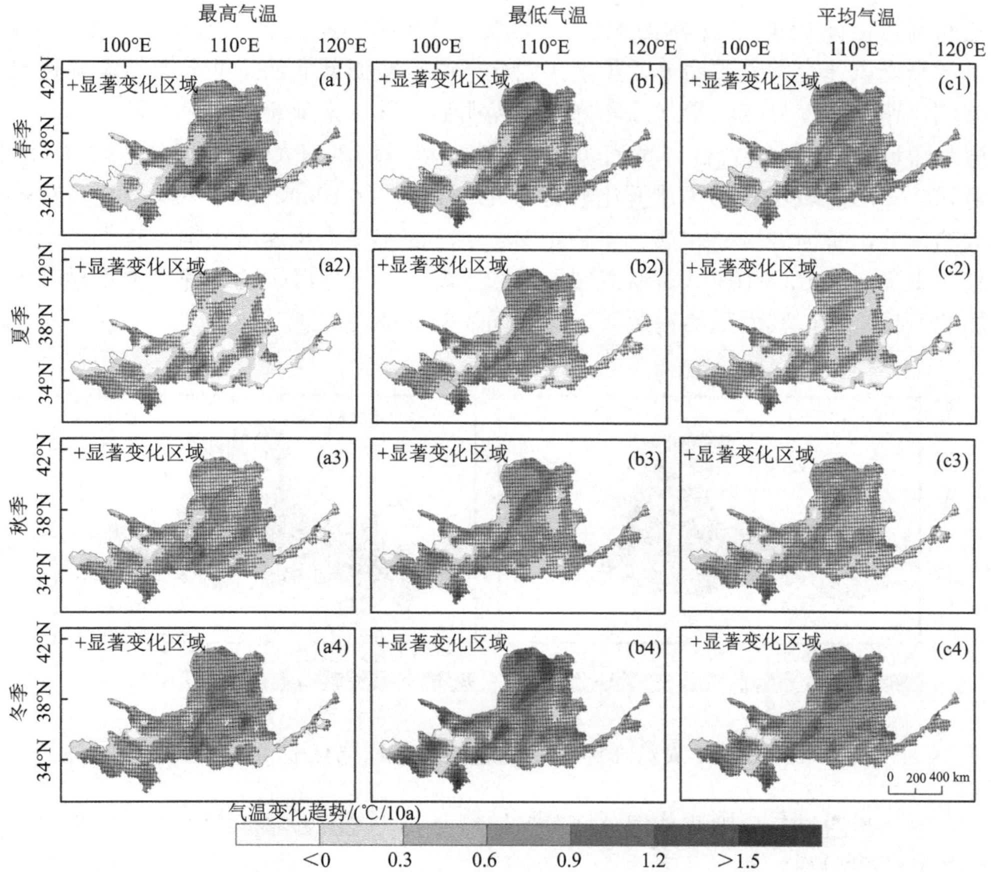

图 5-5　黄河流域四季最高气温、最低气温和平均气温变化趋势分析

均气温的变化率分别为 0.39℃/10a、0.41℃/10a 和 0.37℃/10a；夏季最高气温、最低气温和平均气温的变化率分别为 0.18℃/10a、0.34℃/10a 和 0.21℃/10a；秋季最高气温、最低气温和平均气温的变化率分别为 0.33℃/10a、0.40℃/10a 和 0.32℃/10a；冬季最高气温、最低气温和平均气温的变化率分别为 0.46℃/10a、0.60℃/10a 和 0.54℃/10a。由此可见，黄河流域 1961～2019 年四季最低气温增幅要大于最高气温和平均气温的增幅，且冬季最高气温、最低气温和平均气温增幅最大，显著升温的区域面积占研究区总面积的 83.66%、93.31%和 90.78%，冬季气温升高将给黄河流域带来负面影响，导致积雪融化和地表蒸发量急剧增加，从而影响黄河流域的地表径流。

5.1.3　风速时空变化趋势分析

通过气象观测数据分析黄河流域 1961～2019 年年平均风速及其变化趋势的

空间分布特征（图 5-6）。由图 5-6（a）可知，黄河流域多年平均风速约为 2.23m/s，多年平均风速空间差异明显，呈现出西北部高、东南部低的空间分布格局。黄河流域风速空间差异相较于气温和降水更为明显，其东南部年平均风速低于 2m/s，湟水流域、黄河上游北部和黄河源区西北部，年平均风速大于 3m/s。由图 5-6（b）可知，黄河流域年平均风速变化趋势约为–0.11m/（s·10a），但其空间格局具有较大的差异，黄河源区西北部、上游北部和下游的年平均风速减小幅度较大，变化趋势小于–0.2m/（s·10a）；黄河流域上游和中游小部分地区平均风速呈现不显著增加的变化趋势，其面积约占黄河流域总面积的 6.88%。

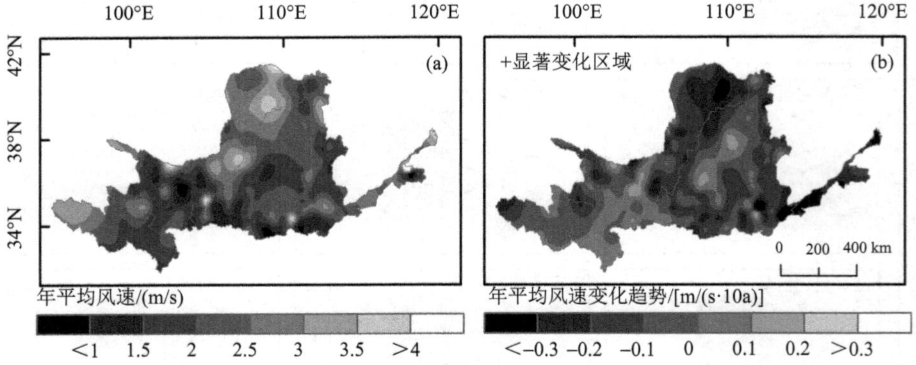

图 5-6　黄河流域年平均风速及其变化趋势空间分布

进一步通过气象观测数据分析黄河流域 1961～2019 年四季平均风速及其变化趋势的空间分布特征（图 5-7）。由图 5-7（a1）～（a4）可知，黄河流域四季平均风速从高到低依次为春季（2.67m/s）>夏季（2.20m/s）>冬季（2.09m/s）>秋季（1.97m/s），四季平均风速空间格局变化与年平均风速空间格局较为一致，整体上呈现出西北部高、东南部低的空间分布格局。由图 5-7（b1）～（b4）可知，黄河流域四季平均风速降低速率从大到小依次为春季[–0.14m/（s·10a）]>冬季[–0.10m/（s·10a）]>夏季[–0.09m/（s·10a）]>秋季[–0.08m/（s·10a）]，且黄河流域大部分区域四季风速呈现显著下降的趋势，其面积分别占黄河流域总面积的 77.79%、64.38%、59.68%和 63.22%。由此可见，黄河流域春季平均风速降低速率最大，秋季降低速率最小。

综合以上分析，黄河流域四季、年均气温和降水量在空间格局上均呈现自东南向西北递减的变化趋势，冬季气温和降水量变化最为显著，且整个黄河流域大部分区域均通过显著检验，表明黄河流域冬季呈现严重“暖湿化”的趋势；黄河流域四季和年平均风速均呈现出西北部高、东南部低的空间分布格局，且四季和年风速均呈现减小的变化趋势，春季风速降低速率最大，风速减小是导致潜在蒸散量减少和地表径流增加的主要原因之一（王胜杰等, 2021）。

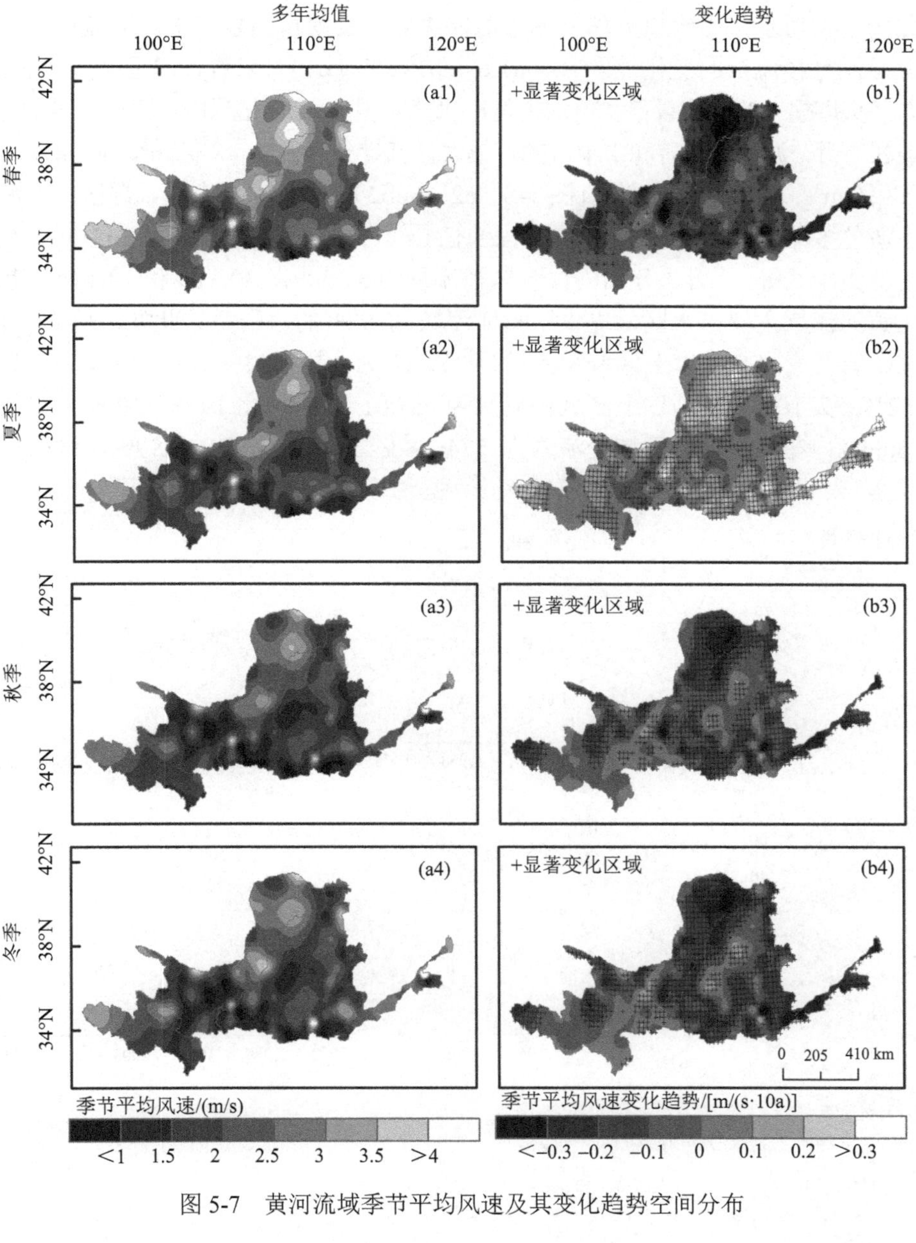

图 5-7　黄河流域季节平均风速及其变化趋势空间分布

5.2　黄河流域径流变化特征

5.2.1　平均径流趋势变化分析

黄河流域 1961～2019 年三个站点模拟的天然径流量多年月均变化与年均变

化如图 5-8 所示，出水口天然径流量能够更好地反映自然条件下黄河流域水资源状况。从月径流量的变化[图 5-8（a1）、（b1）和（c1）]来看，源区（唐乃亥）、上游（头道拐）的径流量最大值均出现在 8 月，中下游（花园口）的径流量最大值出现在 9 月，源区、上游和中下游的月最大径流量分别为 36.48 亿 m^3、56.38 亿 m^3、83.57 亿 m^3。从年径流量变化[图 5-8（a2）、（b2）和（c2）]来看，源区、上游和中下游的多年平均径流量分别为 231.25 亿 m^3、345.68 亿 m^3、557.96 亿 m^3，径流量主要集中在 8～9 月，分别约占全年径流量的 31.50%、30.31%和 29.48%，且源区是黄河流域主要产水区，提供了黄河流域 48.96%的水资源。此外，自 21 世纪以来，唐乃亥水文站以上区域径流量为 257.62 亿 m^3，比 1961～1999 年均值偏大 18.32%，头道拐水文站以上区域径流量为 357.01 亿 m^3，比 1961～1999 年均值偏大 5.04%，花园口以上区域径流量为 574.29 亿 m^3，比 1961～1999 年均值偏大 4.49%，表明 21 世纪以来黄河流域水资源总量有所增加。

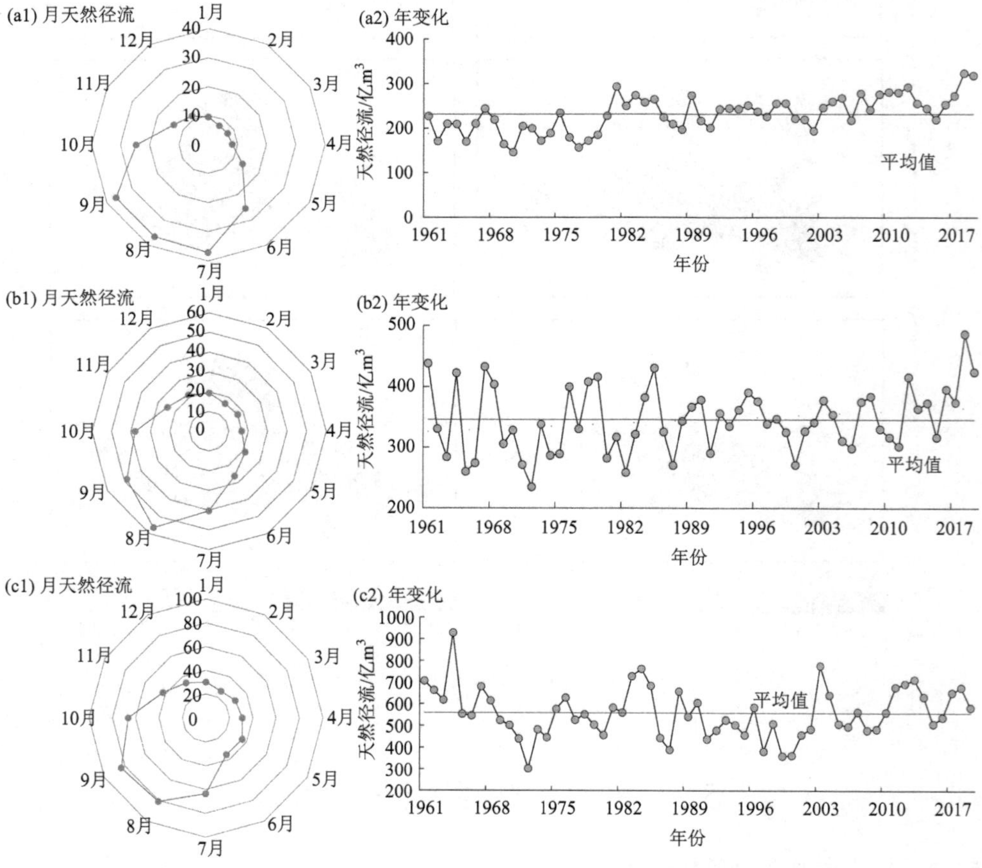

图 5-8　唐乃亥[（a1）～（a2）]、头道拐[（b1）～（b2）]和花园口[（c1）～（c2）]径流量的月和年变化

此外，本书通过第 2 章构建的 VIC 水文模型模拟黄河流域 1961～2019 年四季和年的空间产流。图 5-9 为黄河流域 1961～2019 年年均空间产流及其变化趋势的空间分布特征。由图 5-9（a）可知，黄河流域多年平均空间产流约为 57.77mm，多年平均空间产流的空间格局与降水空间格局较为一致，呈现出东南高、西北低的空间格局；黄河流域年均空间产流分布不均，黄河源区东南部和黄河中下游年平均空间产流高于 100mm，黄河流域西北部空间产流小于 30mm。由图 5-9（b）可知，黄河流域年均空间产流平均变化率为 8.35mm/10a，但其空间格局具有较大的差异，黄河源区的年均产流增加幅度较大，变化率大于 15mm/10a，且黄河流域大部分区域空间产流呈现显著增加的变化趋势，其面积约占黄河流域总面积的 77.22%；黄河流域下游年均空间产流呈现不显著减少的变化趋势，其面积约占黄河流域总面积的 3.24%，这种不确定性可能是黄河流域下游无法汇流造成的。

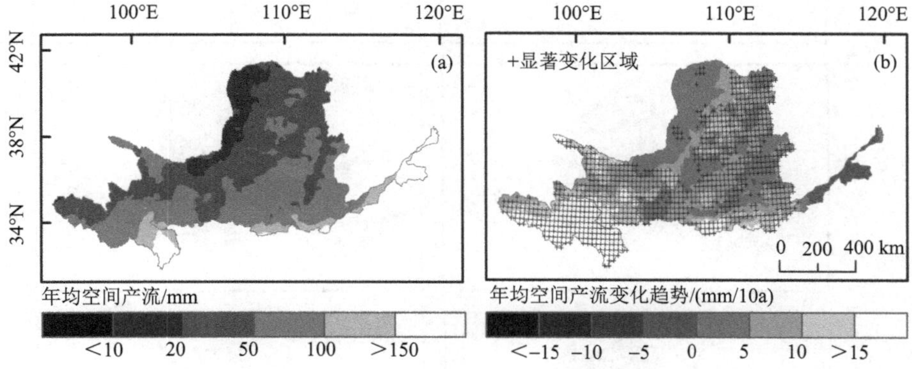

图 5-9　黄河流域年均空间产流及其变化趋势空间分布

本书进一步分析了黄河流域 1961～2019 年四季产流及其变化趋势的空间分布特征，如图 5-10 所示。由图 5-10（a1）～（a4）可知，黄河流域四季产流从高到低依次为夏季（33.27mm）>秋季（16.53mm）>春季（7.23mm）>冬季（0.74mm），四季产流空间格局变化与年均产流空间格局较为一致，均呈现由东南向西北递减的空间分布格局。由图 5-10（b1）～（b4）可知，黄河流域四季平均空间增加速率从大到小依次为夏季（4.38mm/10a）>秋季（1.84mm/10a）>春季（1.20mm/10a）>冬季（0.19mm/10a），其中春季空间产流呈显著变化趋势的区域主要集中分布在黄河源区、上游西南部和中游，占黄河流域总面积的 72.76%；夏季空间产流呈显著变化趋势的区域主要集中分布在黄河源区、上游和中游南部，占黄河流域总面积的 71.00%；秋季空间产流呈显著变化趋势的区域主要集中分布在黄河源区和上游区域，占黄河流域总面积的 68.09%；黄河流域冬季大部分区域空间产流均呈现显著增加趋势，其面积占黄河流域总面积的 99.39%。

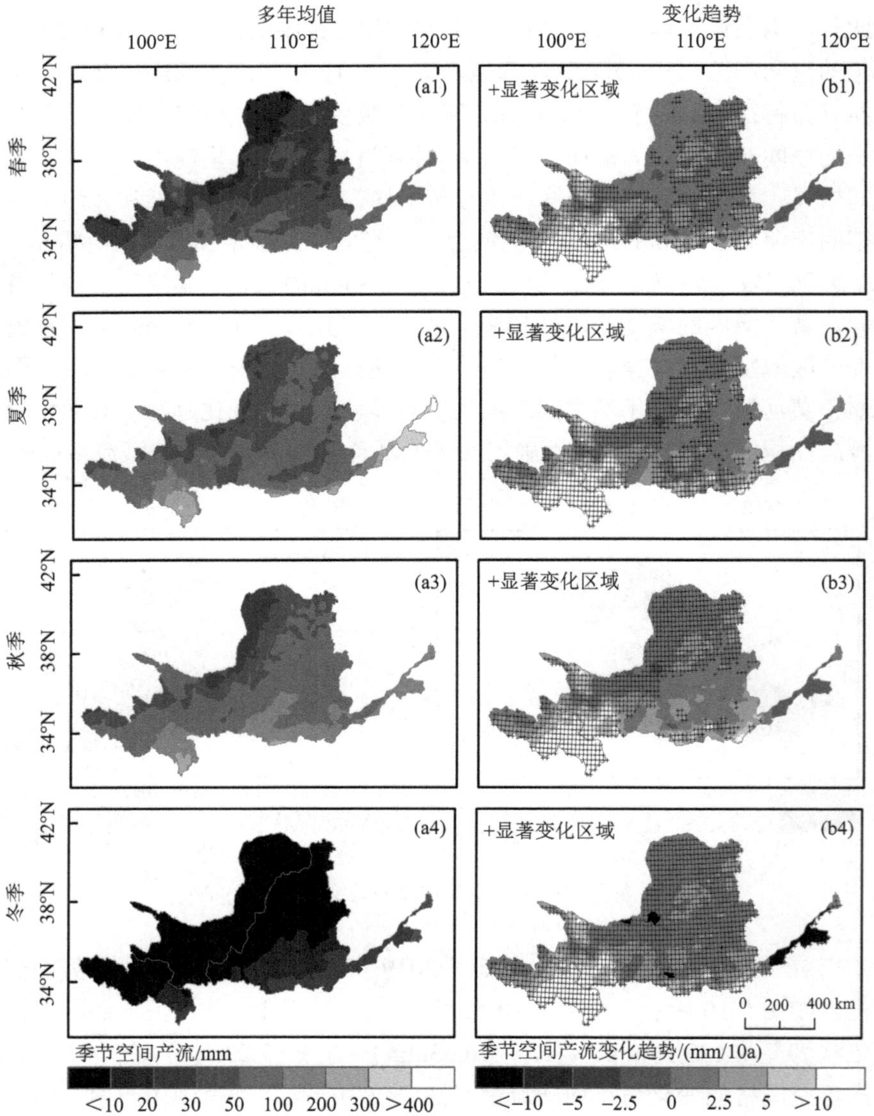

图 5-10　黄河流域季节平均空间产流及其变化趋势空间分布

5.2.2　极端径流趋势变化分析

从三个水文站 1961～2019 年的逐日天然径流量中，提取黄河流域极端径流持续时间（D_{max}）和强度（S_{max}），结果如图 5-11 所示。由图 5-11 可知，唐乃亥和头道拐水文站的年极端径流变化特征和对应集水面的年降水量变化趋势呈现出一致的波动性，当集水面的降水量增加时，极端径流持续时间和强度也随之增加，尤其是花园口水文站，出水口极端径流能够在一定程度上反映黄河流域洪水演变特征。可见，1961～2019 年黄河流域共发生 3 次高强度和长历时的洪水，即 1964 年花园口的天然洪水量高达 667.75 亿 m^3，共历时 176d；1988 年花园口的天然洪水量高达 357.51 亿 m^3，共历时 85d；2003 年花园口的天然洪水量高达 342.74 亿 m^3，共历时 99d，与黄河网（http://www.yrcc.gov.cn）报道年份相一致，说明出水口极端径流提取方案可用于识别黄河流域洪水事件，但本书提取的是天然洪水，高于实测洪水的持续时间和强度，主要是因为水库具有调整蓄洪量、削减洪峰、加大泄洪、分洪、滞洪的能力，降低了洪水发生的风险。

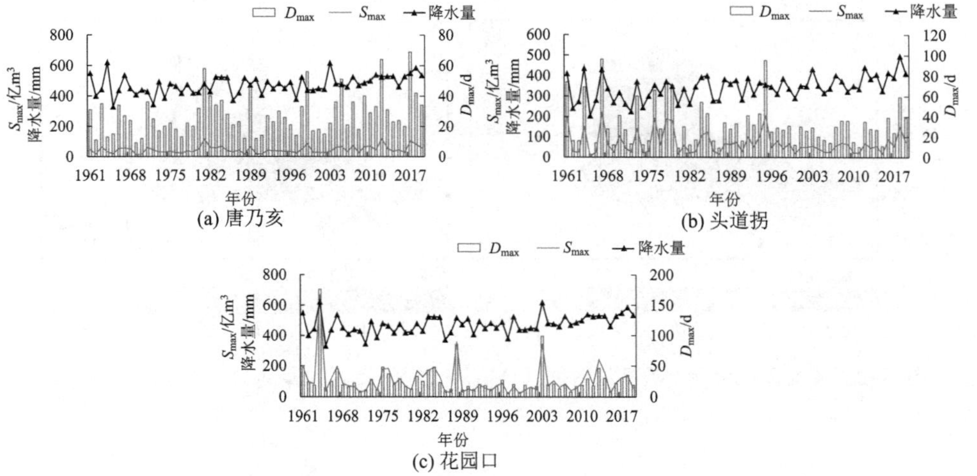

图 5-11　唐乃亥、头道拐和花园口洪水和集水面降水量年变化

此外，本书通过 1961～2019 年逐日空间产流，提取黄河流域极端产流持续时间和强度，并采用 Sen 趋势和 Mann-Kendall 检验揭示其空间变化趋势，结果如图 5-12 所示。由图 5-12（a）、（c）可知，黄河流域多年平均极端产流持续时间和强度分别为 2.9d、7.98mm，多年平均极端产流持续时间和强度空间分布格局基本一致，呈现自东南向西北递减的空间格局，在黄河下游极端产流达到最大值，持续时间和强度分别高于 3.5d、15mm，而在黄河流域西北部极端产流持续时间、强度分别低于 2d 和 5mm。由图 5-12（b）、（d）可知，研究表明黄河流域年极端产流持续时间和强度的变化趋势分别为 0.02d/10a、0.13mm/10a。黄河源区和黄河上游大部分区域极端产流持续时间呈现显著的增加趋势，其面积占黄河流域总面积的 37.07%；而极端产流强度在黄河流域大部分区域均呈现显著增加的变化趋势，其面积占黄河流域总面积的 70.20%，极端产流强度普遍增加主要源于黄河流域 1961～2019 年降水量显著增加，同时，极端产流的普遍增加进而导致洪涝灾害更加频发。

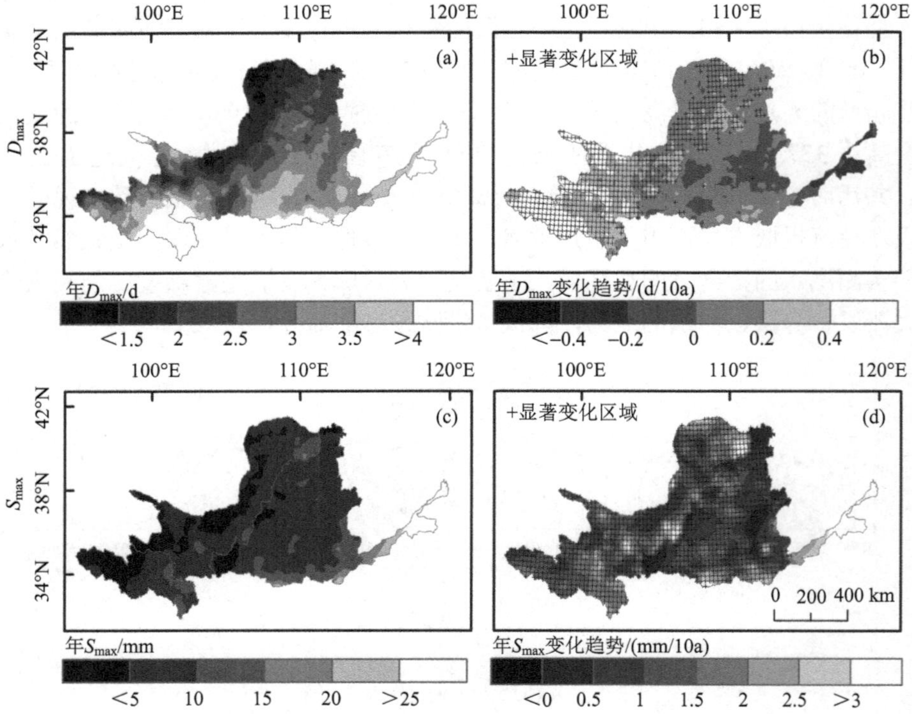

图 5-12　黄河流域极端产流持续时间（D_{max}）、强度（S_{max}）及其变化趋势的空间分布

5.3　气候变化和 LUCC 对黄河流域径流影响的定量分析

5.3.1　黄河流域水文模拟情景方案设计

在第 2 章已经验证了 VIC 模型在黄河流域的适用性，然而黄河流域径流与极端径流变化受气候变化和 LUCC 共同作用的影响。为探究气候变化和 LUCC 对黄河流域径流及极端径流变化的影响，本书参考以往研究，假设它们对径流和极端径流变化的影响是相互独立的，设定了不同的水文模拟情景（表 5-1），表中时段 1 为 1980～1989 年，时段 2 为 1990～1999 年，时段 3 为 2000～2009 年，时段 4 为 2010～2019 年。

表 5-1　气候变化和 LUCC 的情景方案设计

情景	LUCC	气象数据	代表情况	研究方案	研究对象	备注
S1	1990	1980～1989	实际	—	—	—
S2	2000	1990～1999	实际	S2-S1	综合变化	时段 2−时段 1
S3	2010	2000～2009	实际	S3-S2	综合变化	时段 3−时段 2

续表

情景	LUCC	气象数据	代表情况	研究方案	研究对象	备注
S4	2020	2010～2019	实际	S4-S3	综合变化	时段 4–时段 3
				S4-S1		时段 4–时段 1
S5	1990	1990～1999	模拟	S5-S1	气候变化	土地利用数据固定（相对 S1）
				S2-S5	土地覆被变化	气候数据固定（相对 S2）
S6	2000	2000～2009	模拟	S6-S2	气候变化	土地利用数据固定（相对 S2）
				S3-S6	土地覆被变化	气候数据固定（相对 S3）
S7	2010	2010～2019	模拟	S7-S3	气候变化	土地利用数据固定（相对 S3）
				S4-S7	土地覆被变化	气候数据固定（相对 S4）
S8	1990	2010～2019	模拟	S8-S1	气候变化	土地利用数据固定（相对 S1）
				S4-S8	土地覆被变化	气候数据固定（相对 S4）

本书根据研究方案 S5-S1、S6-S2、S7-S3 和 S8-S1 揭示气候变化引起的径流、极端径流（产流）持续时间（$D_{\max}$）和强度（$S_{\max}$）的变化量；根据研究方案 S2-S5、S3-S6、S4-S7 和 S4-S8 揭示 LUCC 引起的径流、极端径流（产流）持续时间和强度的变化量。最后，根据气候变化或 LUCC 引起的径流、极端径流（产流）持续时间和强度变化的方向及占总变化的比例，来计算气候变化和 LUCC 对径流、极端径流（产流）持续时间和强度影响的相对贡献率（刘金平等, 2022），具体计算结果可以参考表 5-2。其中，ΔARF 代表径流、极端径流（产流）持续时间和强度综合变化量；ΔCRF 代表气候变化引起的径流、极端径流（产流）持续时间和强度变化量；ΔLRF 代表 LUCC 引起的径流、极端径流（产流）持续时间和强度变化量。

表 5-2　气候变化和 LUCC 对径流、$D_{\max}$ 和 $S_{\max}$ 影响的相对贡献评估方法

ΔARF	ΔCRF	ΔLRF	气候变化的相对贡献率/%	下垫面变化的相对贡献率/%	备注
>0	>0	>0	100	0	气候变化主导径流增加
	<0	<0	0	100	下垫面主导径流增加
	>0	<0	$\frac{\lvert\Delta CRF\rvert}{\lvert\Delta CRF\rvert+\lvert\Delta LRF\rvert}\times100\%$	$\frac{\lvert\Delta LRF\rvert}{\lvert\Delta CRF\rvert+\lvert\Delta LRF\rvert}\times100\%$	共同主导径流增加，以其变化量所占的比例为其相对贡献率
<0	<0	<0	100	0	气候变化主导径流减少
	>0	>0	0	100	下垫面主导径流减少
	<0	>0	$\frac{\lvert\Delta CRF\rvert}{\lvert\Delta CRF\rvert+\lvert\Delta LRF\rvert}\times100\%$	$\frac{\lvert\Delta LRF\rvert}{\lvert\Delta CRF\rvert+\lvert\Delta LRF\rvert}\times100\%$	共同主导径流减少，以其变化量所占的比例为其相对贡献率

5.3.2 气候变化和 LUCC 对平均径流量变化的影响

1. 气候变化对平均径流量变化的影响

气候变化引起的黄河流域径流量变化如图 5-13（a1）、（b1）、（c1）所示。在全流域尺度上，时段 1～时段 2 气候变化模拟的多年平均径流有减少的变化趋势，时段 2～时段 3、时段 3～时段 4 和时段 1～时段 4 气候变化模拟的多年平均径流有增加的变化趋势。对比发现，总出水口（花园口水文站）气候变化导致年径流变化量在不同时段波动最大；时段 1～时段 2、时段 2～时段 3、时段 3～时段 4 和时段 1～时段 4 的径流变化量分别为–86.05 亿 m^3、40.91 亿 m^3、97.57 亿 m^3 和 52.43 亿 m^3，且时段 3～时段 4 该区域的夏季径流变化量占全年的 46%以上，这主要是因为 2000～2019 年黄河流域降水量普遍增加。此外，自 21 世纪以来，黄河流域四个季节气候变化引起的径流变化从大到小依次为夏季（45.24 亿 m^3）>秋季（20.63 亿 m^3）>春季（19.57 亿 m^3）>冬季（12.13 亿 m^3）。

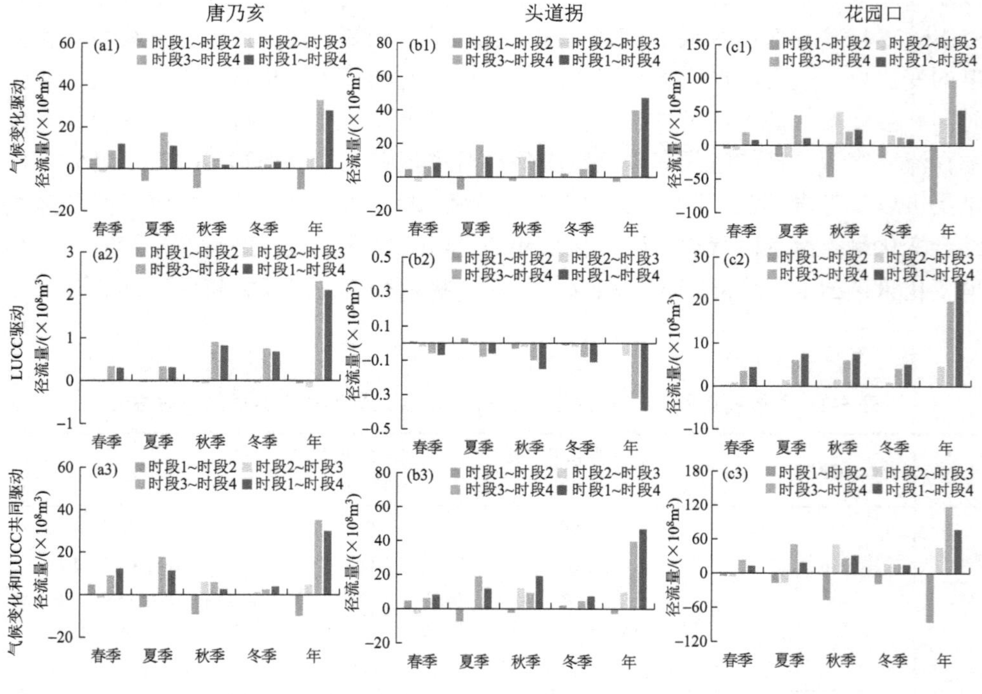

图 5-13　气候变化和 LUCC 对径流变化的定量影响

2. LUCC 对平均径流量变化的影响

LUCC 引起的黄河流域径流量变化如图 5-13（a2）、（b2）、（c2）所示。在全流域尺度上，黄河源区和上游的 LUCC 对径流量变化的影响较小，自 21 世纪以来黄河流域中下游的 LUCC 导致径流量有所增加，且时段 3～时段 4 增加幅度大于时段 2～时段 3。随着 1980 年至 2019 年的土地利用/覆被变化（LUCC），黄河流域中下游径流量在大多数情况下呈现四季均增加的变化趋势。这表明 LUCC 将导致黄河流域中下游未来水资源量普遍增加。然而，这种增势的利弊仍需进一步评估。2000～2019 年 LUCC 导致黄河流域中下游多年平均径流量增加 19.82 亿 m^3，其中夏季和秋季径流变化量占全年的 61%以上。在这几种 LUCC 类别中，草地、建设用地、未利用土地和耕地的产流率高，导致地表径流增加；林地的增加可以含蓄水源，有效地保存水分，使形成的地表径流减少（田晶等, 2020）。因此，随着黄河流域中下游 1980～2019 年不透水面的显著增加（77.77%），径流量也大幅度增加。此外，该时间段 LUCC 引起的季节性径流量变化从大到小依次为夏季（7.55 亿 m^3）>秋季（7.54 亿 m^3）>冬季（5.07 亿 m^3）>春季（4.43 亿 m^3），表明 1980～2019 年 LUCC 对夏季和秋季径流影响更大。

3. 气候变化和 LUCC 共同作用对径流量变化的影响

气候变化和 LUCC 共同作用引起的黄河流域径流量变化如图 5-13（a3）、（b3）、（c3）所示。在全流域尺度上，气候变化和 LUCC 共同驱动对径流量变化的影响相较于气候变化和 LUCC 单一驱动对径流量变化的影响更大。与气候变化相似，时段 1～时段 2 气候变化和 LUCC 共同驱动模拟的多年平均径流量有减少的变化趋势，时段 2～时段 3、时段 3～时段 4、时段 1～时段 4 气候变化和 LUCC 共同驱动模拟的多年平均径流量有增加的变化趋势。对比发现，总出水口（花园口水文站）气候变化和 LUCC 导致径流变化量在不同时段波动最大；时段 1～时段 2、时段 2～时段 3、时段 3～时段 4 和时段 1～时段 4 的年径流变化量分别为–86.02 亿 m^3、45.65 亿 m^3、117.39 亿 m^3 和 77.02 亿 m^3。此外，自 21 世纪以来，黄河流域四个季节气候变化和 LUCC 共同驱动引起的径流量变化从大到小依次为夏季（51.31 亿 m^3）>秋季（26.73 亿 m^3）>春季（23.11 亿 m^3）>冬季（16.24 亿 m^3）。

5.3.3 气候变化和 LUCC 对极端径流变化的影响

1. 气候变化对极端径流变化的影响

气候变化引起的黄河流域极端径流持续时间和强度的变化量如图 5-14（a1）、（b1）所示。在全流域尺度上，时段 1～时段 2 气候变化导致黄河源区（唐乃亥水文站）及中下游（花园口水文站）有多年平均极端径流持续时间减少和强度降低的变化趋势，上游（头道拐水文站）有多年平均极端径流持续时间和强度增加的变化趋势；时段 2～时段 3 气候变化导致黄河源区和中下游有多年平均极端径流持续时间和强度增加的变化趋势，上游有多年平均极端径流持续时间减少和强度降低的变化趋势；时段 3～时段 4 气候变化导致整个黄河流域多年平均极端径流持续时间和强度均有所增加。自 21 世纪以来，气候变化导致黄河源区极端径流持续时间和强度分别增加 5.9d 和 9.51 亿 m^3；气候变化导致黄河上游极端径流持续时间和强度分别增加 4.0d 和 9.34 亿 m^3；气候变化导致黄河中下游极端径流持续时间和强度分别增加 4.3d 和 25.32 亿 m^3。由出水口极端径流可知，自 21 世纪以来，气候变化对黄河源区洪水持续时间变化量影响最大，对中下游洪水强度变化量影响也最大。

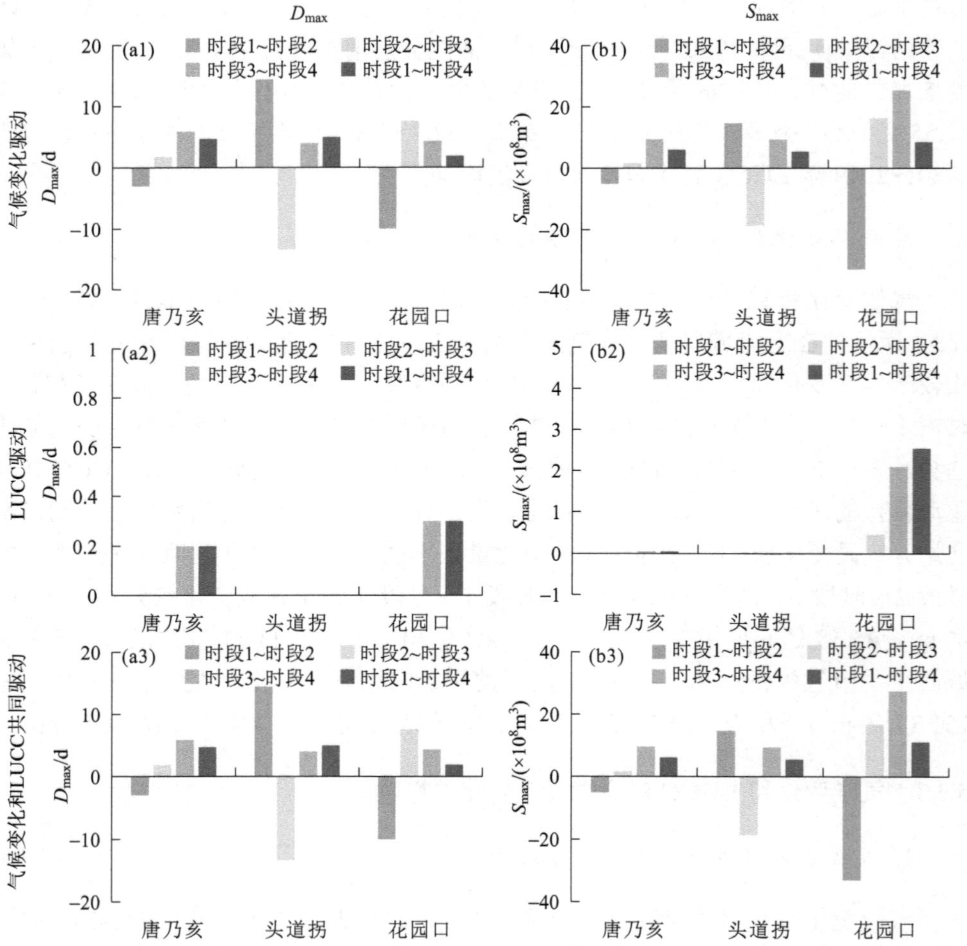

图 5-14　气候变化和 LUCC 对极端径流变化的定量影响

2. LUCC 对极端径流变化的影响

LUCC 引起的黄河流域极端径流持续时间和强度的变化量如图 5-14（a2）、

（b2）所示。在全流域尺度上，四个时段的 LUCC 对黄河上游的极端径流持续时间几乎没有影响；时段 3～时段 4 的 LUCC 对黄河源区和中下游的极端径流持续时间有较小的影响，LUCC 分别导致年极端径流持续时间增加 0.2d 和 0.3d。与极端径流持续时间相比，自 20 世纪 90 年代以来，LUCC 主要导致黄河流域中下游极端径流强度的增加，时段 2～时段 3 和时段 3～时段 4 分别增加 0.46 亿 m^3 和 2.09 亿 m^3。相较于黄河源区和上游，1980～2019 年 LUCC 引起黄河流域中下游年极端径流持续时间和强度的变化量最大，分别为 0.3d 和 2.58 亿 m^3，表明 1980～2019 年黄河流域 LUCC 导致黄河中下游经历更长历时和更高强度的天然洪水。

3. 气候变化和 LUCC 共同作用对极端径流变化的影响

气候变化和 LUCC 共同作用引起的黄河流域极端径流持续时间和强度的变化量如图 5-14（a3）、（b3）所示。在全流域尺度上，时段 1～时段 2 气候变化和 LUCC 共同作用导致黄河源区及中下游有多年平均极端径流持续时间减少和强度降低的变化趋势，上游有多年平均极端径流持续时间和强度增加的变化趋势；时段 2～时段 3 气候变化和 LUCC 共同作用导致黄河源区和中下游有多年平均极端径流持续时间和强度增加的变化趋势，上游有多年平均极端径流持续时间减少和强度降低的变化趋势；时段 3～时段 4 气候变化和 LUCC 共同作用导致整个黄河流域多年平均极端径流持续时间和强度均有所增加。自 21 世纪以来，气候变化和 LUCC 共同作用导致黄河源区极端径流持续时间和强度分别增加 6.1d 和 9.56 亿 m^3；气候变化和 LUCC 共同作用导致黄河上游极端径流持续时间和强度分别增加 4.0d 和 9.31 亿 m^3；气候变化和 LUCC 共同作用导致黄河中下游极端径流持续时间和强度分别增加 4.6d 和 27.41 亿 m^3。由此可见，1980～2019 年气候变化和 LUCC 共同作用对黄河流域天然洪水变化的影响，仍然是气候变化在天然洪水变化中占主导作用。

5.3.4 气候变化和 LUCC 对径流变化的相对贡献率

由 5.3.2 节和 5.3.3 节可知，气候变化和 LUCC 均会对黄河流域平均径流和极端径流产生一定的影响，但仅定量分析了两者对平均径流和极端径流变化量的影响。本小节将进一步揭示气候变化和 LUCC 对平均径流和极端径流变化的贡献率。

1. 区分气候变化和 LUCC 对平均径流变化的相对贡献率

气候变化和 LUCC 对黄河源区、上游和中下游径流变化的相对贡献率可由表 5-2 计算。本书计算出了不同子区域各时段气候变化和 LUCC 对四季及年径流变化的相对贡献率（图 5-15）。

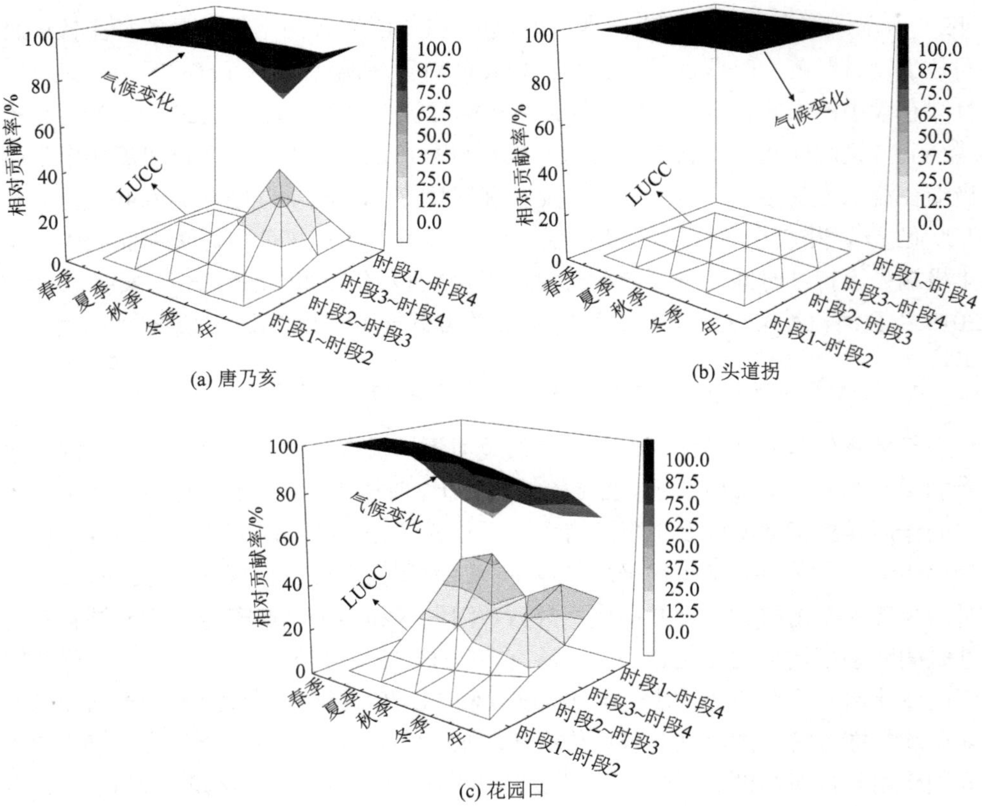

图 5-15　不同时间段内气候变化和 LUCC 对黄河流域源区、上游和中下游径流的相对贡献

结果可知：黄河源区时段 1～时段 2、时段 2～时段 3 四季及年径流受 LUCC 的影响几乎为 0。在时段 3～时段 4、时段 1～时段 4 的黄河源区春季、夏季和年的径流变化受 LUCC 的影响仍然较小（<10%），秋季和冬季的径流变化受 LUCC 的影响略高于其余时期；时段 3～时段 4 黄河源区的 LUCC 对秋季和冬季径流变化的相对贡献率分别为 15.56%和 28.41%；时段 1～时段 4 黄河源区的 LUCC 对秋季和冬季径流变化的相对贡献率分别为 31.06%和 17.39%。

黄河流域上游气候变化对径流的相对贡献率在 4 个时段中一直占据主导地位，这主要是因为黄河流域上游拥有独特的地理环境和复杂的地形，人类活动干扰较少，土地利用类型转换程度较低，而上游区域位于干旱半干旱地区，生态环境脆弱，易受气候变化的影响。因此，与气候变化对径流的影响相比，在黄河流域上游 LUCC 对径流变化的相对贡献率非常小，且不同季节表现出高度的一致性。

相较于黄河源区和上游，黄河流域中下游的 LUCC 对径流的影响较大，且随着时间的推移，LUCC 对径流的相对贡献率增加，气候变化对径流的相对贡献率减少。从时段 1～时段 2、时段 2～时段 3 和时段 3～时段 4，LUCC 对春季径流变化的相对贡献率从 0 增加到 15.32%，对夏季径流变化的相对贡献率从 0 增加到 11.83%，对秋季径流变化的相对贡献率从 0.11%增加到 22.82%，对冬季径流变化的相对贡献率从 0.06%增加到 25.31%，对年径流变化的相对贡献率从 0 增加到 16.88%。由此可见，虽然黄河流域径流变化仍然受气候变化的主导，但 LUCC 对径流变化的影响已经不容忽视。值得注意的是，从整个时段来看，黄河流域中下游 LUCC 对夏季径流变化的相对贡献率最高，相对贡献率约为 41.30%，对春季和冬季径流变化的相对贡献率也处于较高水平，相对贡献率分别为 34.85%和 34.23%，表明 LUCC 已经改变了黄河流域的水文循环。就年尺度而言，1980～2019 年 LUCC 对年径流变化的相对贡献率为 31.92%。

为了定量分析气候变化和 LUCC 对产流的影响，下面分别研究时段 1～时段 4 的春季、夏季、秋季、冬季及年气候变化和 LUCC 对空间产流的相对贡献率（图 5-16）。

由图 5-16 可知，总体上，与 LUCC 相比，气候变化对空间产流的相对贡献率较大，但与其他季节相比，春季气候变化对空间产流的影响在黄河流域中下游是不均匀的，气候变化对空间产流的相对贡献率[图 5-16（a1）]大于 70%以上的区域占黄河流域中下游的 70.84%；气候变化对黄河源区和黄河流域上游空间产流的影响是均匀的，气候变化对空间产流的相对贡献率大于 70%以上的区域占黄河源区和黄河上游的 96.15%，这是因为 1980～2019 年黄河源区和上游 LUCC（1980 年和 2020 年 LUCC 数据）变化非常小。对于年尺度来说，1980～2019 年 LUCC 对空间产流变化的相对贡献率为 6.76%；整体表现为 LUCC 对黄河流域下游的影响最大、中游其次、上游最低，LUCC 对空间产流的相对贡献率主要表现为导致中下游空间产流的增加。

2. 区分气候变化和 LUCC 对极端径流变化的相对贡献率

进一步定量分析时段 1～时段 4 气候变化和 LUCC 对极端径流的相对贡献率（图 5-17）。由图 5-17 可知，LUCC 仅对时段 1～时段 4 和时段 3～时段 4 的黄河中下游极端径流有较大的影响，其中极端径流持续时间的相对贡献率分别为 13.64%和 6.52%，对极端径流强度的相对贡献率分别为 7.62%和 22.90%，表明 1980～2019 年黄河流域天然洪水变化特征仍然受气候变化主导。但随着 1980 年至 2019 年的土地利用/覆被变化（LUCC），黄河流域中下游天然洪水变化特征受 LUCC 的显著影响。

由图 5-18 可知，总体上，与 LUCC 相比，气候变化对极端产流持续时间和强度的相对贡献率均较大，气候变化对极端产流持续时间和强度的相对贡献率大于 70%以上的区域分别占黄河流域子区域Ⅲ和Ⅳ的 70.24%和 91.58%，且 LUCC 对

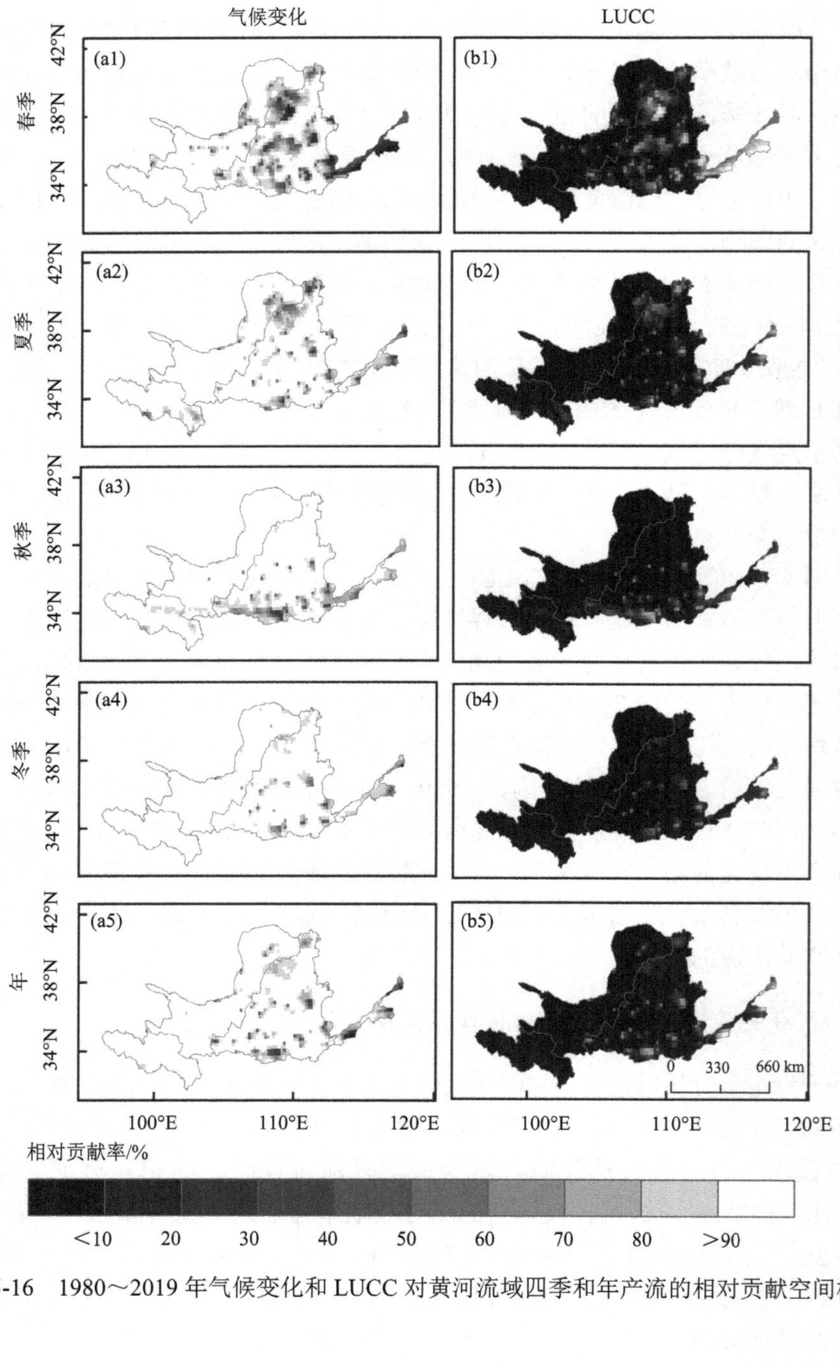

图 5-16　1980～2019 年气候变化和 LUCC 对黄河流域四季和年产流的相对贡献空间格局

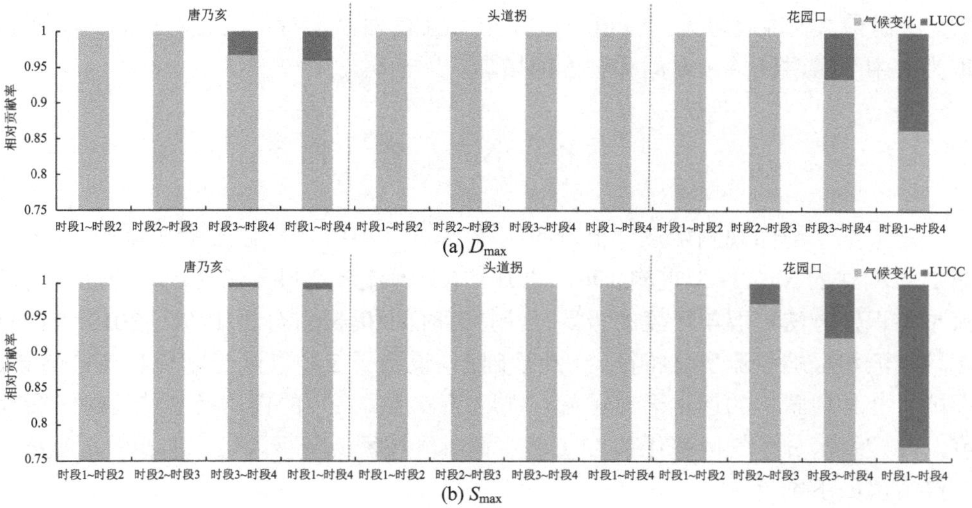

图 5-17　不同时间段内气候变化和 LUCC 对黄河流域源区、上游和中下游 D_{max} 和 S_{max} 的相对贡献

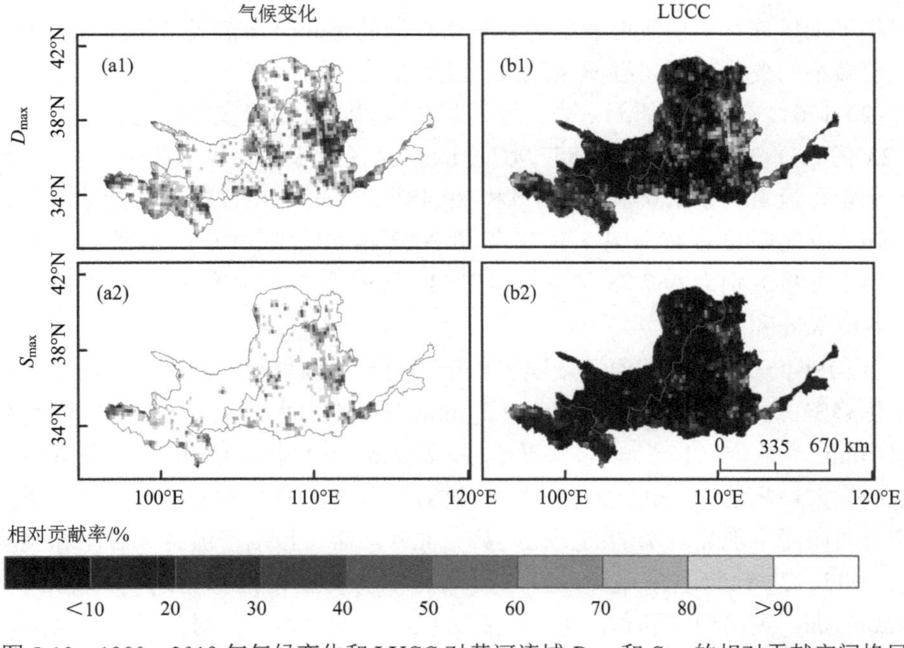

图 5-18　1980～2019 年气候变化和 LUCC 对黄河流域 D_{max} 和 S_{max} 的相对贡献空间格局

整个黄河流域极端产流持续时间和强度的相对贡献率分别为 19.67%和 8.70%，表明 1980～2019 年 LUCC 对极端产流持续时间的影响大于极端产流强度，远大于空间产流。此外，气候变化对空间产流的相对贡献率，表现为下游最小、中游其

次、上游最大。由此可见，1980～2019 年 LUCC 对洪涝特征的相对贡献率主要表现为对中下游洪涝持续时间和强度的增加。

5.4 小　　结

本章基于地面观测站点分析黄河流域 1961～2019 年气候要素变化特征。通过第 2 章构建的 VIC 模型重构 1961～2019 年黄河流域逐日天然径流，通过极端径流事件识别方法提取年尺度的极端径流持续时间和强度，分析 1961～2019 年黄河流域径流和极端径流变化特征。在此基础上，设置了 8 种气候变化和 LUCC 情景，模拟了 8 种情景下的逐日天然径流，提取了 8 种情景下的极端径流持续时间和强度，并定量区分了气候变化和 LUCC 对黄河流域径流及极端径流的相对贡献率，最终得出如下结论：

（1）黄河流域四季、年均气温和降水量在空间格局上均呈现自东南向西北递减的变化趋势；冬季气温和降水量变化最为显著，且整个黄河流域大部分区域均通过显著检验，表明黄河流域冬季呈现严重“暖湿化”的变化趋势；黄河流域四季和年平均风速均呈现出西北部高、东南部低的空间分布格局，且四季和年风速均呈现减小的变化趋势，春季风速降低速率最大。

（2）1961～2019 年唐乃亥、头道拐和花园口水文站的多年平均径流量分别为 231.25 亿 m^3、345.68 亿 m^3、557.96 亿 m^3，且径流量主要集中在 8～9 月，分别约占全年径流量的 31.50%、30.31%和 29.48%。此外，由极端径流持续时间和强度可知，研究期间的 1964 年、1988 年和 2003 年均发生长历时、高强度的天然洪水，洪水总量分别为 667.75 亿 m^3、357.51 亿 m^3 和 342.74 亿 m^3，洪水历时分别为 176d、85d 和 99d。

（3）1961～2019 年黄河流域季节和年空间产流均呈现自西北向东南逐渐增加的变化趋势，年均空间产流约为 57.77mm，四季空间产流从高到低依次为夏季（33.27mm）>秋季（16.53mm）>春季（7.23mm）>冬季（0.74mm），夏季空间产流增幅最大，高达 4.38mm/10a，冬季增幅最小，仅为 0.19mm/10a，但冬季全流域的空间产流呈现显著增加的变化趋势。此外，年均极端产流持续时间和强度分别为 2.9d、7.98mm，极端产流持续时间和强度的变化趋势分别为 0.02d/10a、0.13mm/10a，黄河源区和黄河上游大部分区域极端产流持续时间呈现显著的增加趋势，其面积占黄河流域总面积的 37.07%；极端产流强度在黄河流域大部分区域均呈现显著增加的变化趋势，其面积占黄河流域总面积的 70.20%。

（4）在研究的四个时段中，2000～2019 年气候变化对黄河流域中下游径流变化量影响最大，四季径流变化从大到小依次为夏季（45.24 亿 m^3）>秋季（20.63 亿 m^3）>春季（19.57 亿 m^3）>冬季（12.13 亿 m^3）；对黄河源区极端径流持续时间变化量影响最大，增加 5.9d；对黄河中下游极端径流强度变化量影响最大，增加 25.32 亿 m^3。此外，1980～2019 年 LUCC 对黄河流域中下游径流变化量影响最大，四季径流变化从大到小依次为夏季（7.55 亿 m^3）>秋季（7.54 亿 m^3）>冬季（5.07 亿 m^3）>春季（4.43 亿 m^3），对极端径流持续时间和强度影响也均最大，分别增加 0.3d 和 2.58 亿 m^3。气候变化和 LUCC 共同作用对 2000～2019 年黄河流域中下游径流变化量影响最大，四季径流变化从大到小依次为夏季（51.31 亿 m^3）>秋季（26.73 亿 m^3）>春季（23.11 亿 m^3）>冬季（16.24 亿 m^3），对黄河源区极端径流持续时间变化量影响最大，增加 6.1d，对黄河中下游极端径流强度变化量影响最大，增加 27.41 亿 m^3。

（5）1980～2019 年黄河流域中下游 LUCC 对夏季径流变化的影响最大，相对贡献率约为 41.30%，对春季和冬季径流变化的相对贡献率也处于较高水平，相对贡献率分别为 34.85%和 34.23%，对极端径流持续时间和强度的相对贡献率分别为 13.64%和 7.62%。自 21 世纪以来，LUCC 对黄河流域极端径流持续时间和强度的相对贡献率分别为 6.52%和 22.90%，表明相较于整个研究期间，2000～2019 年 LUCC 对黄河流域极端径流强度的影响更大。在空间格局上，研究期间气候变化对产流、极端产流持续时间和强度变化的相对贡献率均表现为上游最大、中游其次、下游最低。

第 6 章　全球变暖背景下黄河流域气候变化预估

获取可靠的气候预测信息对于开展全球变暖背景下的径流及洪涝风险评估具有重要的研究意义。近年来，GCMs 在预估未来气候变化及探索气候变化和 LUCC 对水资源影响方面发挥着举足轻重的作用，利用 GCMs 输出的未来气候数据，结合水文模型反演未来径流演变规律，已被证实是一种切实可行的思路。然而，GCMs 空间分辨率低且其复杂性、多样性和计算分析的困难性使其预估结果产生较大的不确定性。与以往的 CMIP5 GCMs 相比，CMIP6 全球气候模式是新一代气候模型，旨在提供未来情景的预测（CMIP6 起始于 2015 年和 CMIP5 起始于 2006 年），也是一组新的浓度、排放和土地使用情景。CMIP6 全球气候模式可以更好地揭示过去、现在和未来的气候变化，这些变化是由自然、非强迫性变化引起的，或者是对多模式背景下辐射强迫变化的响应。目前，针对黄河流域使用 CMIP6 GCMs 模型评估气候模拟能力、预测径流和极端径流变化的研究非常有限。

近年来，一些学者基于 GCMs 预估黄河流域径流演变规律。然而，现有的研究仅仅考虑未来气候变化对径流变化的影响，或者将不同 RCP 情景下的气候要素与 LUCC 进行组合来预估未来径流变化，但尚未考虑到 LUCC 对气候的反馈作用。这种反馈可能加快或减缓全球气候的变化，会在一定程度上影响人们对黄河流域未来径流变化规律的正确认知。此外，基于最新的 CMIP6 GCMs 对黄河流域未来径流演变规律进行分析的研究还相对较少，且较少有研究关注全球变暖 1.5℃、2.0℃和 3.0℃下的流域径流变化。

因此，本书基于 CMIP6 GCMs 来探讨全球变暖背景下黄河流域径流演变规律，以及特大洪涝下的人口经济暴露度风险。然而，未来气候变化预估的可靠性对于开展后续研究至关重要。因而，本章主要解决以下几个问题：

（1）CMIP6 GCMs 对黄河流域历史时期气候的模拟能力如何？

（2）全球变暖背景下黄河流域气候时空分布特征如何？

（3）全球变暖背景下黄河流域极端气候事件时空分布特征如何？

6.1　CMIP6 GCMs 降尺度效果评估

本书采用标准化的泰勒图以直观地呈现每个 GCMs 的模拟能力。值得一提的是，首先，我们将这些模型（所有模型的平均值）结合起来，得到 1961～2014 年的多模式集合（multi-model ensemble，MME）均值，然后基于 1961～1994 年 MME 率定 Delta 降尺度的模型参数，再应用到 1995～2014 年的 MME，得到 1995～2014 年降尺度后的多模式集合（multi-model ensemble after delta downscaling，MME-delta）均值，然后计算 9 个 GCMs、MME 和 MME-delta 的相关系数、均方根误差和标准差，并绘制了标准化的泰勒图，如图 6-1 所示。

由图 6-1 可知，在所有模式中模拟能力从优到劣依次为日平均气温、日最低气温、日最高气温、日降水量和日平均风速。大多数模型能够准确地反映研究区逐日气候变化，日降水量、日最高气温、日最低气温、日平均气温和日平均风速的相关系数分别在 0.19～0.53、0.89～0.94、0.93～0.97、0.97～0.99 和 0.04～0.43。然而，多模式集合（MME）均值对各气候变量的模拟值优于任意单个气候模式。MME 模拟值与观测值相较于单个全球气候模式具有最高的相关系数、最低的标准化均方根误差，且标准化的标准差更接近于 1。这些结果表明，MME 在模拟黄河流域历史时期的日降水量、日最高气温、日最低气温、日平均气温和日平均风速方面具有很强的代表性。对 MME 进行降尺度后，MME-delta 模拟值与观测值的相关系数、标准化的标准差更接近于 1，且标准化的均方根误差最小。

图 6-2 展示了 1995～2014 年 MME 模拟的日降水量、日最高气温、日最低气温、日平均气温、日平均风速与观测值的相对偏差空间格局图。显然，未经 Delta 降尺度的模拟值与观测值之间的相对偏差更为明显[图 6-2（a）、（c）、（e）、（g）和（i）]，而经过 Delta 降尺度处理后的模拟值与观测值偏差均大幅度降低[图 6-2（b）、（d）、（f）、（h）和（j）]。MME-delta 的日降水量相对偏差从 8.92%下降到 0.43%、日最高气温相对偏差从–4.62℃下降到–0.24℃、日最低气温相对偏差从–3.15℃下降到–0.24℃、日平均气温相对偏差从–1.11℃下降到–0.20℃、日平均风速相对偏差从 63.82%下降到 26.63%。

对五个变量的年观测值、MME 年模拟值和 MME-delta 年模拟值进行对比（图 6-3）。由图 6-3 可知，MME 严重高估了年降水量和年平均风速，严重低估了年最高气温、年最低气温和年平均气温，MME-delta 对年降水量和气温的模拟效果更好，模拟值与观测值基本重叠。相比较而言，MME-delta 对年平均风速的模拟效果稍逊于其他变量，但总体效果也高于 MME。

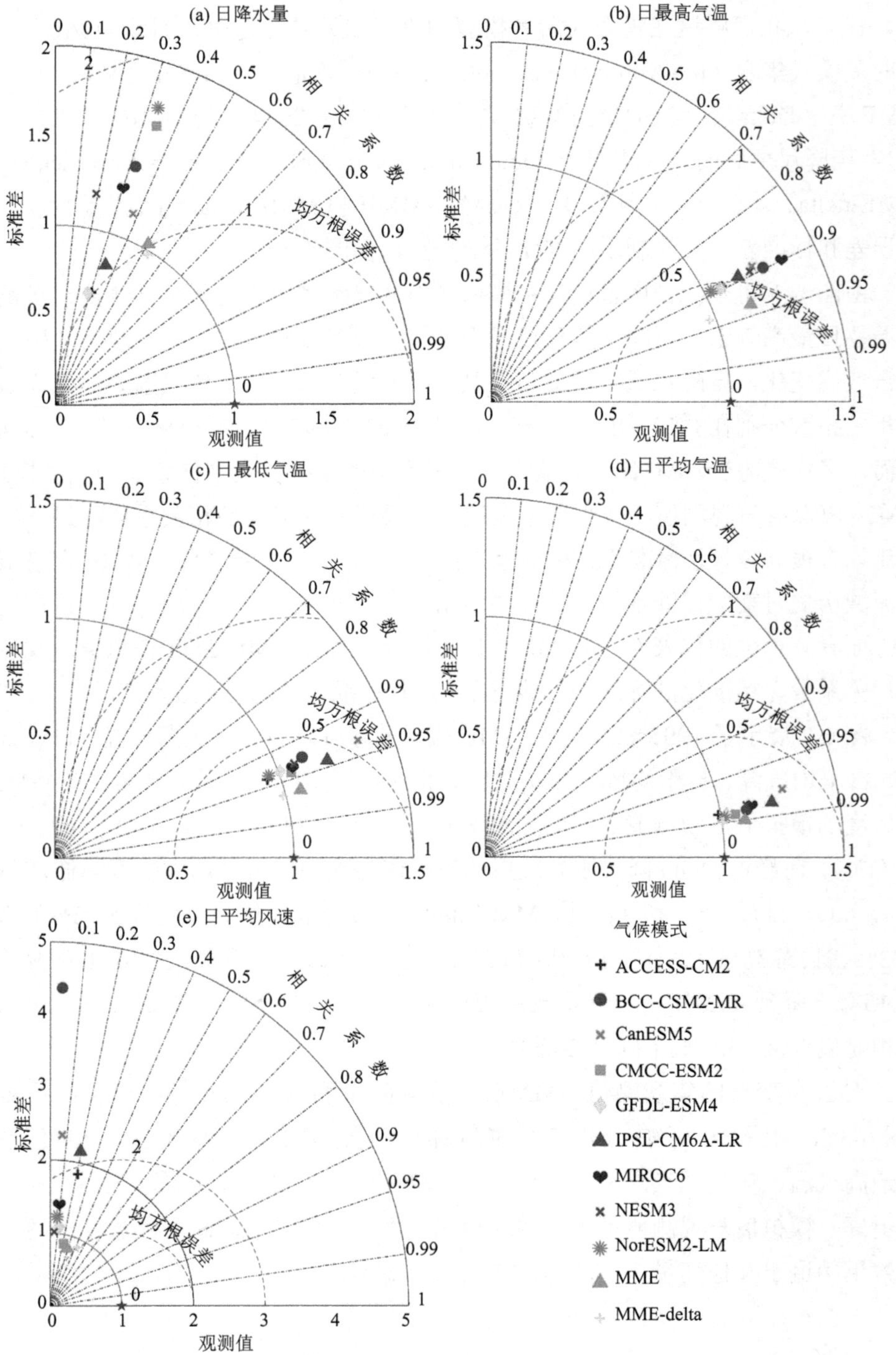

图 6-1　1995～2014 年 9 个全球气候模式（GCMs）、多模式集合（MME）均值和降尺度后的多模式集合（MME-delta）均值的标准化泰勒图

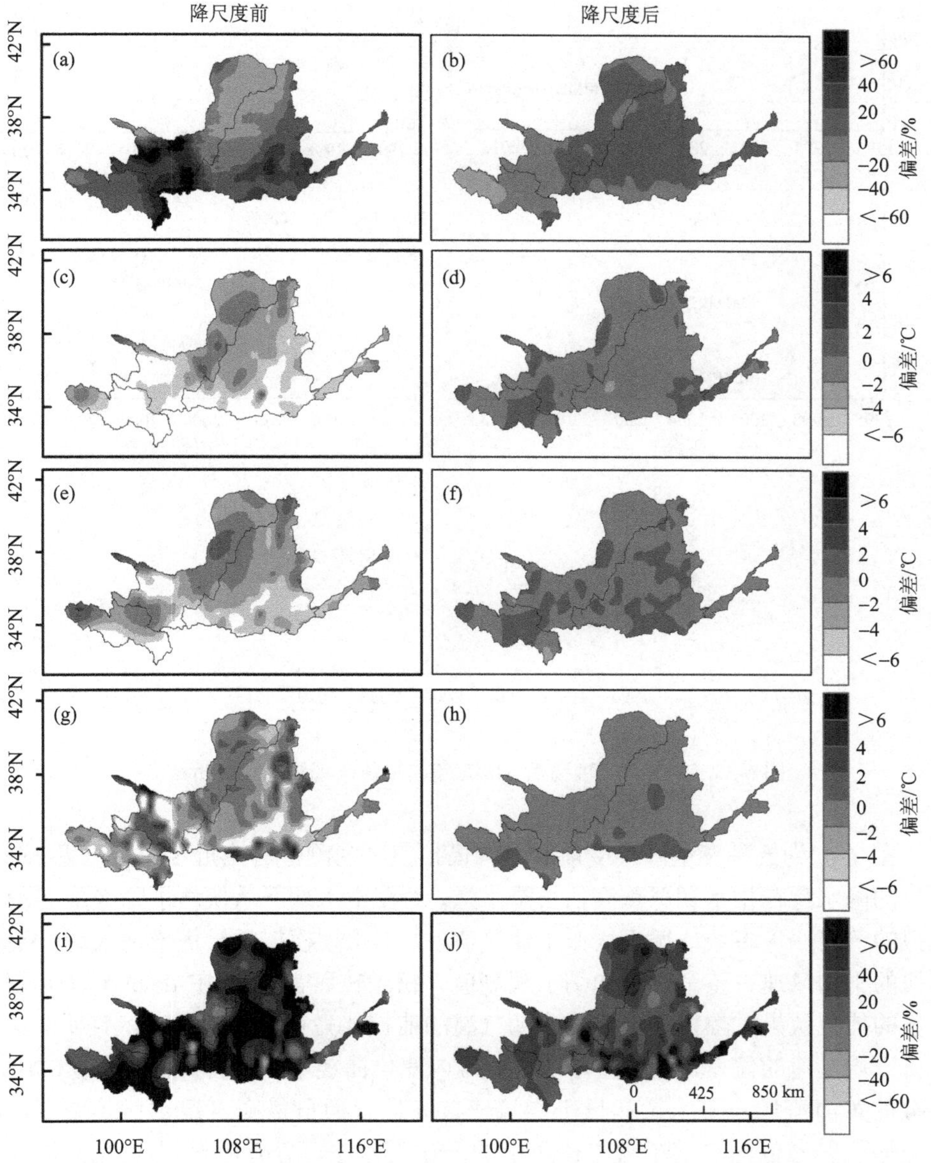

图 6-2　1995～2014 年降尺度前后的 MME 日降水量[（a）～（b）]、日最高气温[（c）～（d）]、日最低气温[（e）～（f）]、日平均气温[（g）～（h）]和日平均风速[（i）～（j）]模拟值较观测值的偏差

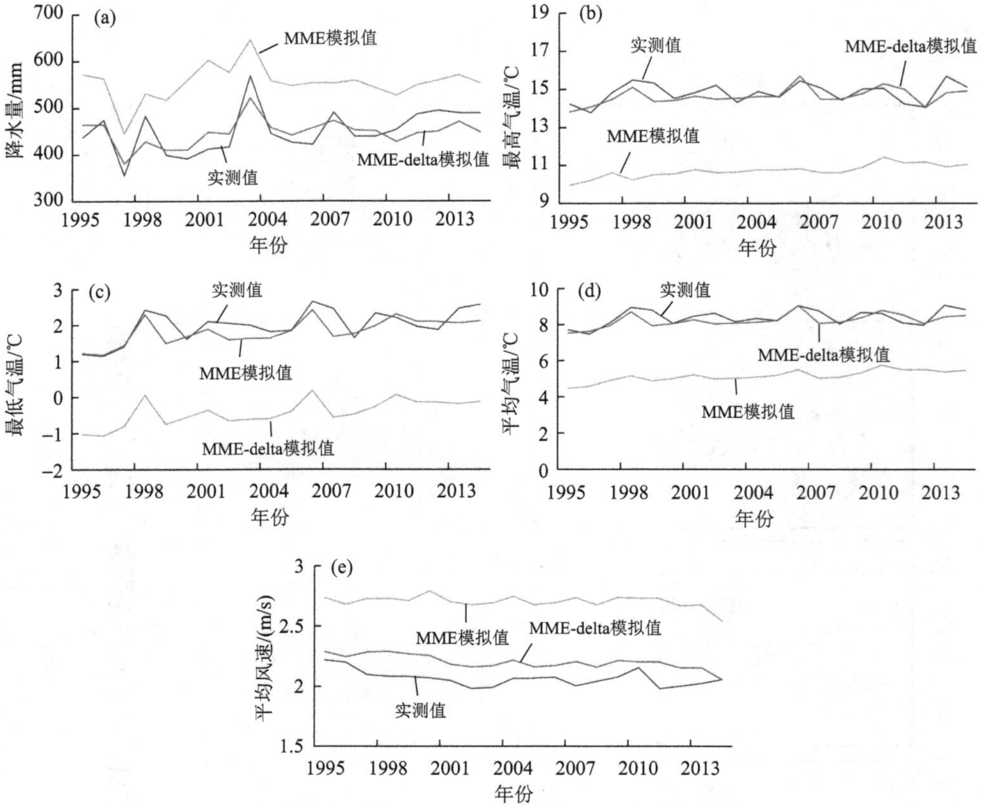

图 6-3　Delta 降尺度前后 MME 年模拟值与观测值对比折线图

图 6-4 为五种变量降尺度前后日均模拟值与观测值对比折线图，可见 MME 模拟的降水量在枯水期严重高估了降水量，而在丰水期严重低估了降水量；MME 模拟的气温在大多数情况下均低于观测值，但丰水期模拟效果优于枯水期。MME 模拟的平均风速在整个时期均高于观测值。相比较而言，MME-delta 对丰水期降水量的捕捉效果大幅提高，对枯水期气温的捕捉能力也大幅度提高，且明显降低了日平均风速的偏差，各变量与观测值年内变化曲线基本吻合。总体而言，MME 模拟的黄河流域日降水量和日平均风速被高估，而日最高气温、日最低气温和日平均气温被低估。基于偏差校正中的变化系数法可以有效地提高 MME 对黄河流域气候要素的模拟性能，且具有良好的精度和可靠性，有力地保障了将全球气候模式的气候要素用于未来径流模拟和全球气候变暖下的洪涝风险评估的可信度。

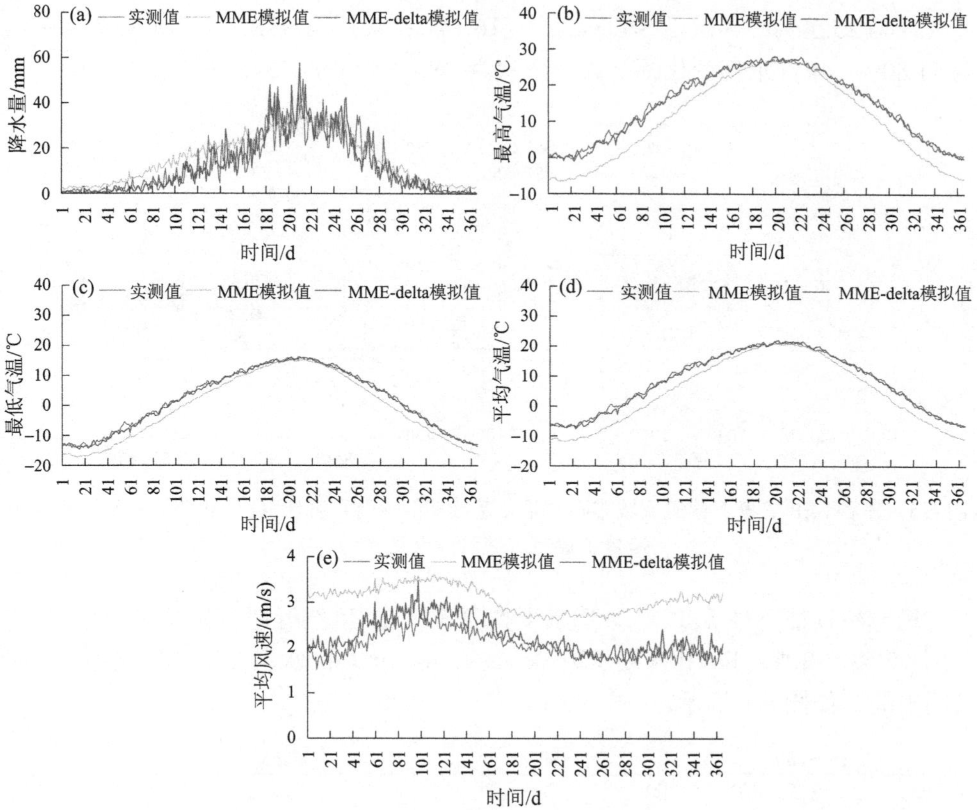

图 6-4　Delta 降尺度前后 MME 日均模拟值与观测值对比折线图

6.2　基于 SSP-RCP 情景下黄河流域未来气候变化预估

6.2.1　未来时期降水量变化分析

本书以 1995～2014 年作为基准期，预估三种 SSP-RCP 情景（SSP126、SSP245 和 SSP585）下黄河流域未来降水量的年际变化规律。

整体上黄河流域的降水量预估变化如图 6-5 所示。该图反映了 2015～2099 年三种 SSP-RCP 情景下黄河流域年降水量相较于基准期的变化情况和年降水量特征。由图 6-5 可以看出，三种情景下 2015～2099 年黄河流域年降水量均呈现波动上升趋势，但 SSP126、SSP245 和 SSP585 之间存在一定的差异。与基准期均值相比，2015～2099 年黄河流域年降水量的变化百分比范围分别为 1.27%～24.85%（SSP126）、–3.52%～23.09%（SSP245）、–5.07%～34.86%（SSP585）。到 21 世纪末期（2080～2099 年），预估在 SSP585 情景下，黄河流域的多年平均降水量增加最大，为 25.59%；其次是 SSP245，为 16.14%；最后是 SSP126，预计增加最少，为 11.80%。年降水量变化幅度大小依次为 SSP585>SSP245>SSP126>基准期。

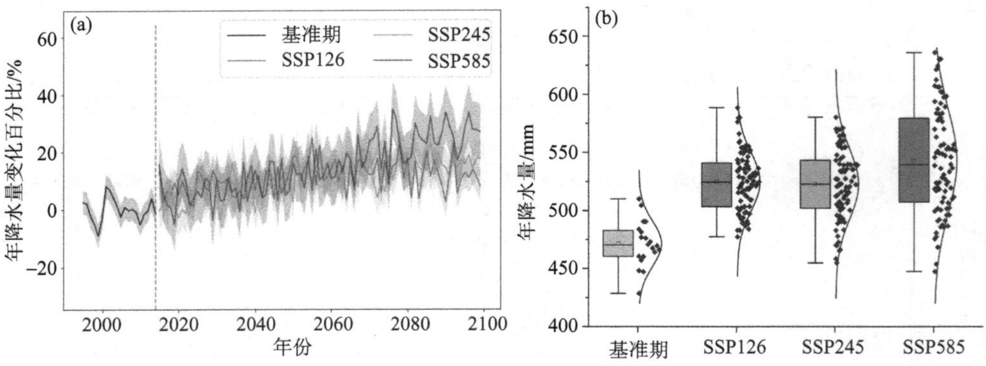

图 6-5　三种 SSP 情景下黄河流域年降水量较基准期的变化百分比（a）和基准期及三种 SSP 情景下黄河流域年降水量（b）

进一步预估三种 SSP-RCP 情景下黄河流域 21 世纪近期（2020～2039 年）、中期（2040～2059 年）和末期（2080～2099 年）年均降水量较基准期均值变化的空间格局，如图 6-6 所示。

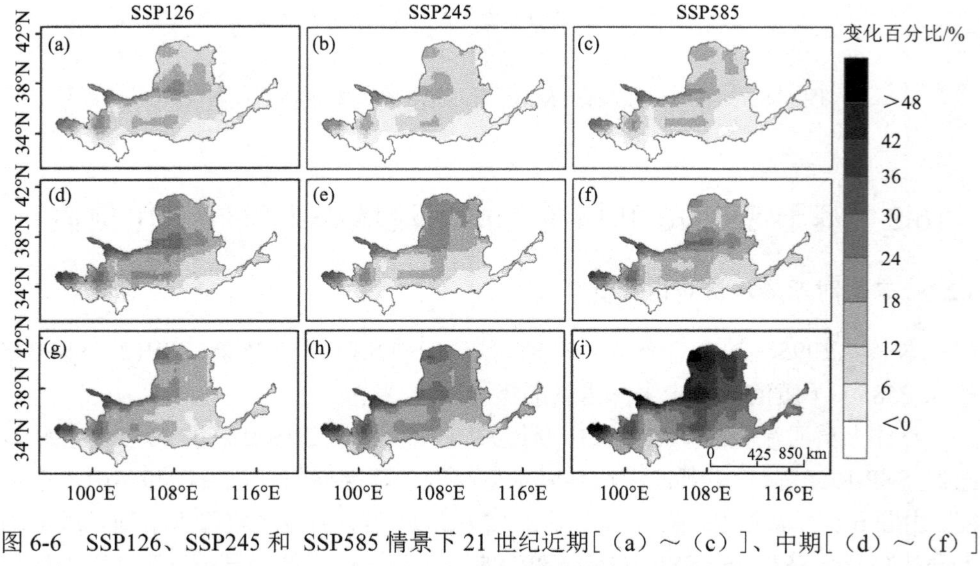

图 6-6　SSP126、SSP245 和 SSP585 情景下 21 世纪近期[（a）～（c）]、中期[（d）～（f）]和末期[（g）～（i）]黄河流域多年平均降水量较基准期的变化

整体上来说，三种情景下每个时期均揭示大部分黄河流域的年均降水量有所增加，仅有黄河源区东南部地区在 21 世纪近期和中期的年均降水量将减少。21

世纪中期和末期，三种情景下黄河流域西北部区域年降水量均呈现出稳健的显著增加趋势[图 6-6（d）～（i）]。就 21 世纪近期而言，三种情景下黄河流域年均降水量的增长幅度预估不超过 12%[图 6-6（a）～（c）]。相较于 21 世纪近期，预估黄河流域 21 世纪中期和末期的年均降水量将会进一步增加，尤其是黄河流域西北部。21 世纪中期，三种情景下黄河流域西北部年均降水量预计增加 12%～24%[图 6-6（d）～（f）]，整体上预估黄河流域年均降水量分别增加 15.14%（SSP126）、12.31%（SSP245）和 13.82%（SSP585）。就 21 世纪末期[图 6-6（g）～（i）]而言，预估黄河流域年均降水量在 SSP585 情景下增加最多，达到 29.11%；其次是 SSP245，为 18.61%；最后是 SSP126，增加最少，为 14.15%。

最后，基于 MK 检验和 Sen 趋势进一步探索基准期、三种 SSP-RCP 情景下黄河流域的年降水量变化趋势（图 6-7）。由图 6-7 可知，三种情景下黄河流域年降水量呈现增加的变化趋势，变化率分别为 3.29mm/10a（SSP126）、8.65mm/10a（SSP245）和 14.43mm/10a（SSP585），可见三种情景下年降水量与基准期的变化趋势相反，但历史时期变化率均小于未来时期。具体来说，基准期情景下预估整体上黄河流域年降水量呈现下降的变化趋势，但存在明显的空间差异，即黄河流域中上游年降水量呈现减少的变化趋势，下游年降水量呈现增加的变化趋势，且全区均未通过显著性检验（$p>0.05$）。在 SSP126 情景下，预估黄河流域年降水量

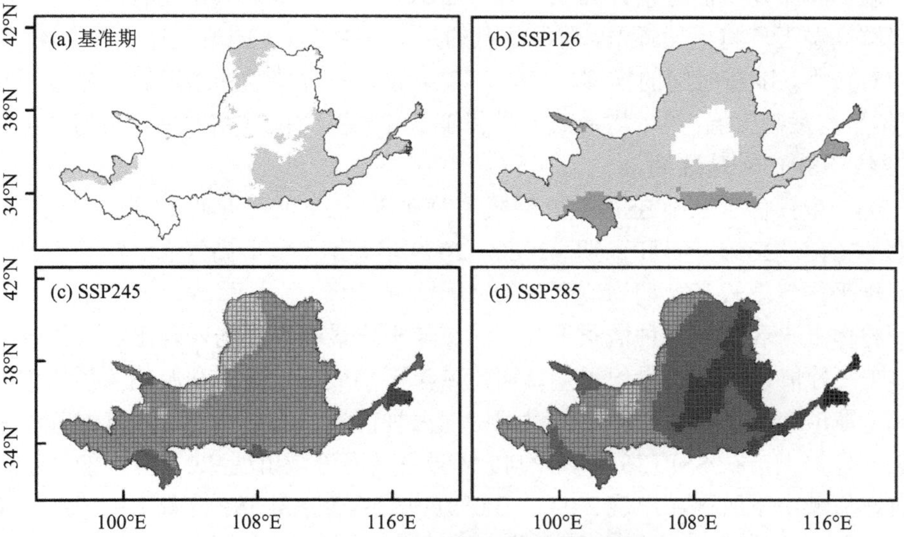

图 6-7　基准期、SSP126、SSP245、SSP585 情景下 2015～2099 年黄河流域年降水量变化趋势的空间格局

图中“+”表示通过 0.05 显著性检验，下同

呈现增加趋势，且全区均未通过显著性检验（$p>0.05$）。随着不平衡发展程度的增加，预估黄河流域大部分区域的年降水量将呈现显著增加的变化趋势，且空间差异将更加突出。从空间格局上来看，预估黄河流域年降水量的变化率将从西北区域向东南区域逐渐增加。

6.2.2 未来时期气温变化分析

本书以 1995～2014 年作为基准期，预估三种 SSP-RCP 情景（SSP126、SSP245 和 SSP585）下黄河流域未来最高气温、最低气温和平均气温的年际变化规律。

由图 6-8 可以看出，2015～2099 年，黄河流域年平均最高气温、年平均最低气温和年平均气温均呈现波动上升的变化趋势，但 SSP126、SSP245 和 SSP585 之间存在一定的差异。2015～2099 年黄河流域年平均最高气温、年平均最低气温和年平均气温预估在 SSP245 和 SSP585 情景下均大幅度升高；在 SSP126 情景下，黄河流域气温距平值在 21 世纪中期略有增加，但在 21 世纪末期略有减少。另外，在 SSP126 情景下，到 21 世纪末期，黄河流域年平均最高气温、年平均最低气温和年平均气温相较于基准期均不超过 2.0℃；在 SSP245 情景下，到 21 世纪末期，黄河流域年平均最高气温、年平均最低气温和年平均气温预估升高 3.1℃、3.4℃和 2.7℃；在 SSP585 情景下，预估升温将更加明显，年平均最高气温、年平均最低气温和年平均气温分别升高 5.9℃、4.8℃和 5.3℃，最高气温增幅最大，表明未来极端高温天气将更加频繁。值得注意的是，三种情景下的增温速率在 2040 年以前相对较小，随着时间的推移，2060 年以后预估三种情景的增温速率差异不断扩大。年平均最高气温、年平均最低气温和年平均气温变化幅度大小依次为 SSP585>SSP245>SSP126>基准期。

进一步预估了三种 SSP-RCP 情景下黄河流域 21 世纪近期（2020～2039 年）、中期（2040～2059 年）和末期（2080～2099 年）年平均最高气温、年平均最低气温、年平均气温较基准期均值变化的空间格局。

整体上来看，在三种情景下黄河流域年平均最高气温均表现出稳健的升高状态。在三种情景下，21 世纪近期黄河流域年平均最高气温的升温幅度预估不超过 2.0℃[图 6-9（a）～（c）]。21 世纪中期三种情景下的年平均最高气温升温幅度将进一步扩大，在 SSP126 和 SSP245 情景下黄河流域出现 2.0℃以内的升温，但在黄河流域中下游区域出现 2.0℃～3.0℃的增温，在 SSP585 情景下黄河流域年平均最高气温预估超过 2.0℃，而在黄河流域中下游预估超过 3.0℃[图 6-9（d）～（f）]。到 21 世纪末期，在 SSP126 情景下黄河流域年平均最高气温将保持稳定，仍然控制在 2.0℃升温水平范围内，黄河流域中下游控制在 2.0℃～3.0℃升温范围内[图 6-9（g）～（i）]。然而，在 SSP245 和 SSP585 情景下，黄河流域年平均

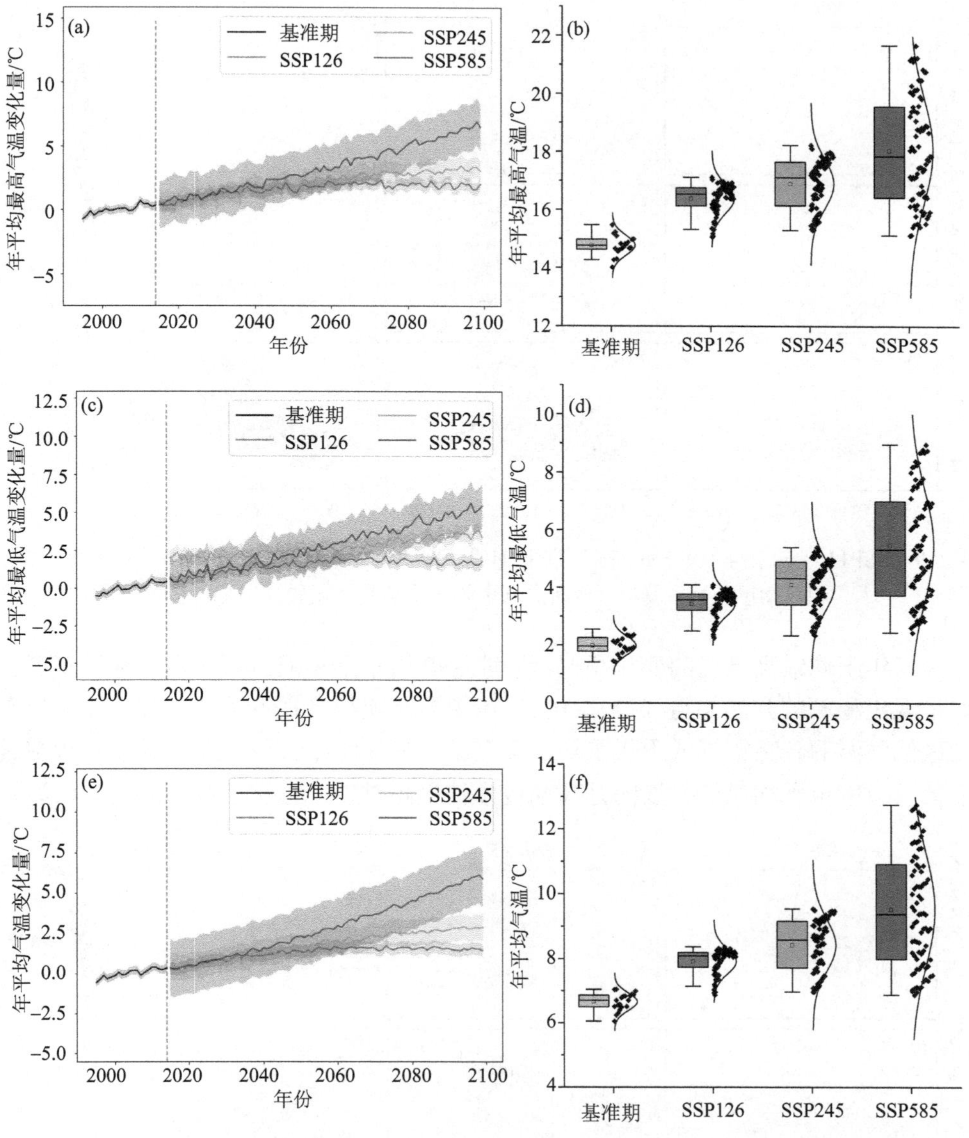

图 6-8　基于三种 SSP 情景下黄河流域年最高气温（a）、年最低气温（c）和年平均气温（e）较基准期的变化量及基准期和三种 SSP 情景下黄河流域的年最高气温（b）、年最低气温（d）、年平均气温（f）

最高气温将进一步升高，分别升高 3.1℃和 5.9℃。此外，随着时间的推移，三种情景之间的温升差异将更加突出，且黄河流域中下游年平均最高气温升高幅度明显高于其他区域。

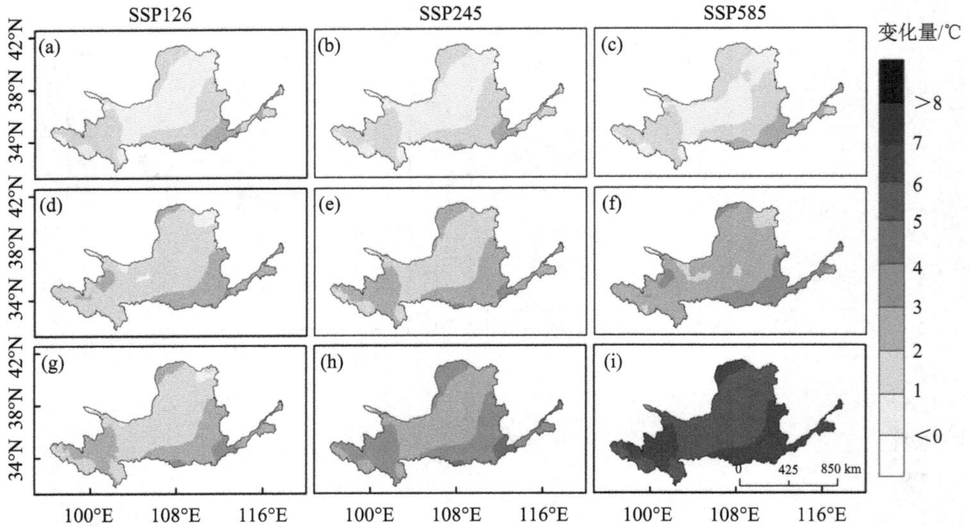

图 6-9　SSP126、SSP245 和 SSP585 情景下 21 世纪近期[（a）～（c）]、中期[（d）～（f）]和末期[（g）～（i）]黄河流域多年平均最高气温较基准期的变化

与年平均最高气温的变化相似，三种 SSP 情景下黄河流域年平均最低气温也均呈现出稳健的升高趋势（图 6-10）。在相同时期和情景下，预估黄河流域年平均最低气温的升高幅度低于年平均最高气温。具体而言，21 世纪近期，三种情景下黄河流域年平均最低气温的升高幅度预估不超过 1.5℃[图 6-10（a）～（c）]。

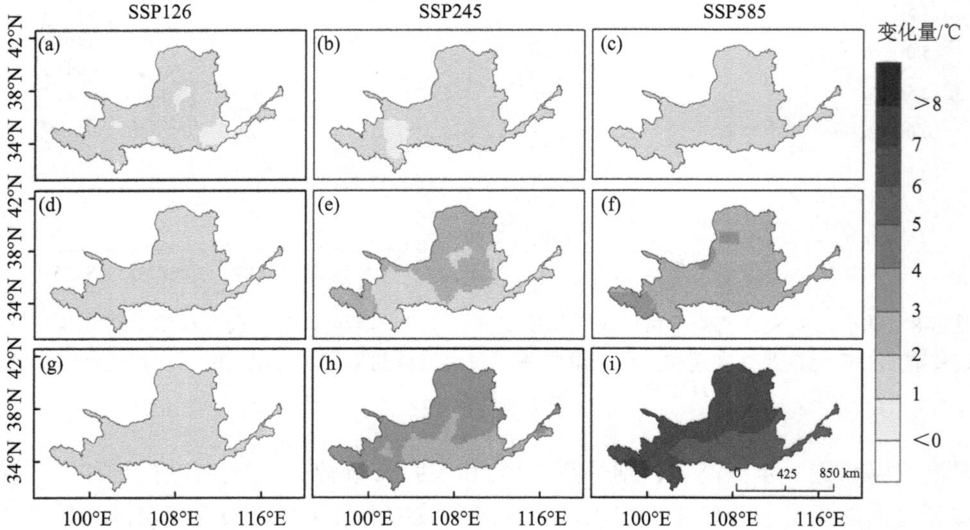

图 6-10　SSP126、SSP245 和 SSP585 情景下 21 世纪近期[（a）～（c）]、中期[（d）～（f）]和末期[（g）～（i）]黄河流域多年平均最低气温较基准期的变化

21 世纪中期，三种情景下黄河流域年平均最低气温的升高幅度预估分别不超过 2.0℃（SSP126）、2.5℃（SSP245）和 3.0℃（SSP585）[图 6-10（d）～（f）]。21 世纪末期，三种情景下黄河流域年平均最低气温较基准期预估分别升高 1.7℃（SSP126）、3.1℃（SSP245）和 6.2℃（SSP585）[图 6-10（g）～（i）]。此外，随着时间的推移，三种情景之间的温升差异将更加突出，且黄河流域西北部年平均最低气温升高幅度将高于其他区域。

与年平均最高气温和年平均最低气温的变化相似，三种 SSP 情景下黄河流域年平均气温也均呈现出稳健的升高趋势（图 6-11）。在相同时期和情景下，预估黄河流域年平均气温的升高幅度低于年平均最高气温和年平均最低气温。具体而言，在 SSP126 和 SSP245 情景下 21 世纪近期黄河流域年平均气温的升高幅度预估不超过 1.0℃，在 SSP585 情景下黄河流域年平均气温的升温幅度预估不超过 1.5℃[图 6-11（a）～（c）]。21 世纪中期，三种情景下黄河流域年平均气温的升高幅度预估分别不超过 1.5℃（SSP126）、2.0℃（SSP245）和 2.5℃（SSP585）[图 6-11（d）～（f）]。21 世纪末期，三种情景下黄河流域年平均气温较基准期预估分别升高 1.6℃（SSP126）、2.8℃（SSP245）和 5.5℃（SSP585）[图 6-11（g）～（i）]。与年平均最低气温相似，黄河流域西北部年平均气温升高幅度将高于其他区域。

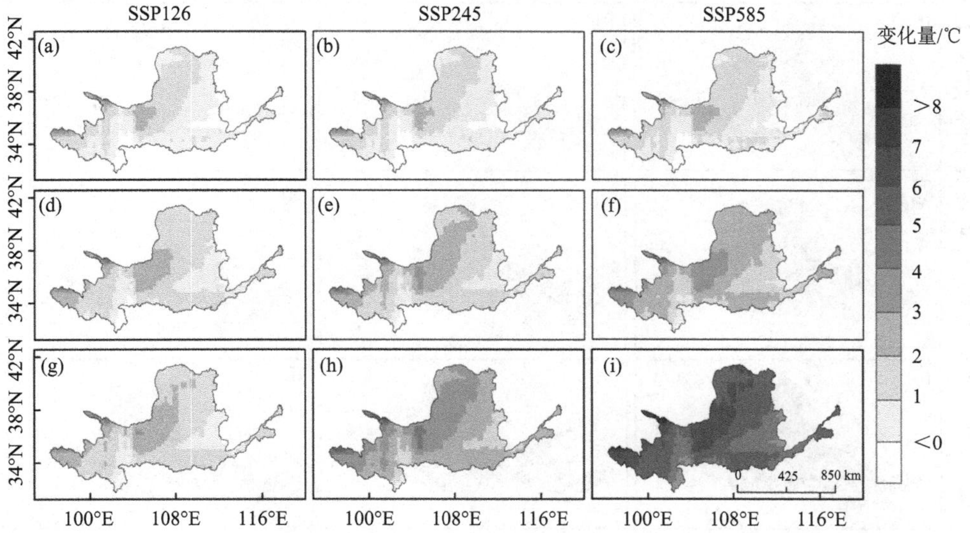

图 6-11　SSP126、SSP245 和 SSP585 情景下 21 世纪近期[（a）～（c）]、中期[（d）～（f）]和末期[（g）～（i）]黄河流域多年平均气温较基准期的变化

最后，基于 MK 检验和 Sen 趋势进一步探索基准期、三种 SSP 情景下黄河流域的年最高气温、年最低气温和年平均气温的变化趋势（图 6-12）。整体上，三

种 SSP 情景下黄河流域年最高气温（最低气温、平均气温）升温速率预估分别为 0.16（0.14、0.13）℃/10a、0.34（0.35、0.33）℃/10a 和 0.75（0.79、0.72）℃/10a。年最高气温（最低气温、平均气温）的增温速率仅在 SSP585 情景下高于基准期。具体来说，随着不平衡发展程度的增加，黄河流域年最高气温、年最低气温和年平均气温的增温速率也在逐渐增加，但在 SSP126 和 SSP245 情景下黄河流域年最高气温、年最低气温和年平均气温的增温速率要明显低于基准期。在 SSP126、SSP245 和 SSP585 情景下，预估黄河流域的年最高气温、年最低气温和年平均气温均呈现显著的增加趋势（$p<0.05$）。在 SSP126 情景下黄河流域年最高气温、年最低气温和年平均气温的升温速率相对较低。在 SSP585 情景下黄河流域年最高气温、年最低气温和年平均气温的升温速率最高。从空间格局上来看，预估黄河流域年最高气温、年最低气温和年平均气温的升温速率将从黄河流域的西北区域向东南区域逐渐递减。

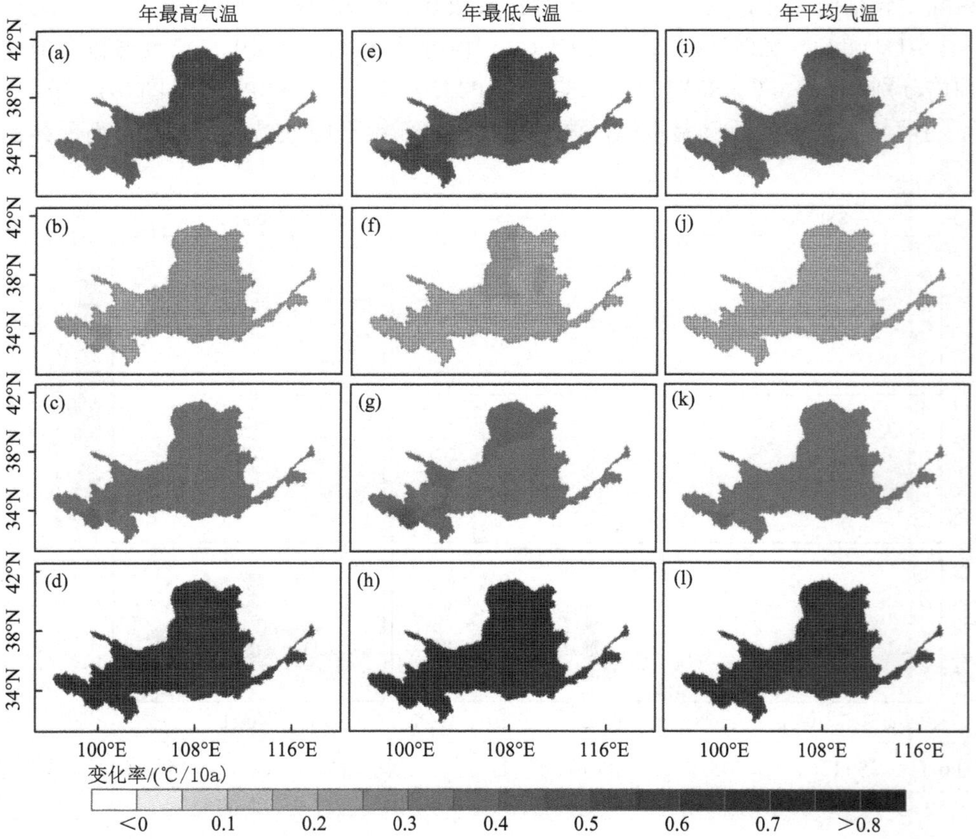

图 6-12　基准期[（a）、（e）、（i）]、SSP126[（b）、（f）、（j）]、SSP245[（c）、（g）、（k）]、SSP585[（d）、（h）、（l）]情景下 2015～2099 年黄河流域年最高气温、年最低气温和年平均气温变化趋势的空间格局

6.2.3　未来时期风速变化分析

本书以 1995～2014 年作为基准期，预估三种 SSP-RCP 情景（SSP126、SSP245 和 SSP585）下黄河流域未来平均风速的年际变化规律。

由图 6-13 可以看出，2015～2099 年三种情景下黄河流域年平均风速均呈现波动下降的变化趋势，但 SSP126、SSP245 和 SSP585 之间存在一定的差异。2015～2099 年黄河流域年平均风速预估在 SSP585 情景下大幅度降低。在 SSP126 和 SSP245 情景下黄河流域年平均风速变化百分比在 21 世纪中期略有降低，但在 21 世纪末期略有增加。与基准期均值相比，2015～2099 年黄河流域年平均风速的变化百分比范围分别为–3.67%～3.80%（SSP126）、–5.32%～1.51%（SSP245）、–4.82%～1.13%（SSP585）。到 21 世纪末期在 SSP585 情景下黄河流域的多年平均风速预估减小最大，为–3.37%；其次是 SSP245，为–2.05%；最后是 SSP126，预计减少最小，为–1.96%。年平均风速变化幅度大小依次为基准期>SSP245> SSP126>SSP585。

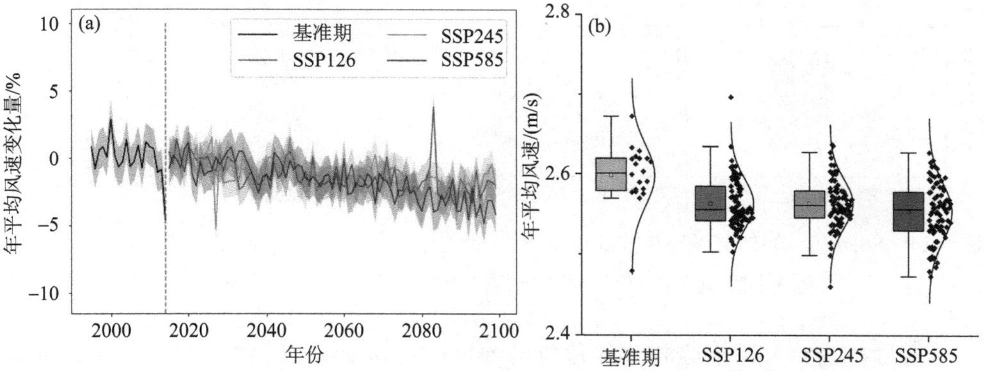

图 6-13　三种 SSP 情景下黄河流域年平均风速较基准期的变化百分比（a）及基准期和三种 SSP 情景下黄河流域年平均风速（b）

进一步预估了三种 SSP-RCP 情景下黄河流域 21 世纪近期（2020～2039 年）、中期（2040～2059 年）和末期（2080～2099 年）年平均风速较基准期均值变化的空间格局。

研究结果揭示，三种 SSP 情景下预估年平均风速均呈现减小的变化趋势。具体来说，21 世纪近期三种情景下黄河流域年平均风速的降低幅度预估不超过 1%[图 6-14（a）～（c）]。相较于 21 世纪近期，预估黄河流域 21 世纪中期和末期的年平均风速将会进一步减小，尤其是黄河流域中上游区域。21 世纪中期三种情景下黄河流域中上游年平均风速预计减小 3%以上[图 6-14（d）～（f）]，整体上黄河流域预估年平均风速分别减小 1.58%（SSP126）、0.91%（SSP245）和 1.55%

（SSP585）。21 世纪末期，黄河流域年平均风速预估在 SSP585 情景下减小最多，达到 3.73%；其次是 SSP126，为 1.97%；最后是 SSP245，减小最少，为 1.82%［图 6-14（g）～（i）］。与此同时，21 世纪末期三种情景下黄河流域年平均风速明显减小的区域存在较大差异，在 SSP126 情景下黄河流域年平均风速减小的热点区位于黄河流域东南部，在 SSP245 和 SSP585 情景下年平均风速减小的热点区位于黄河流域中上游区域。

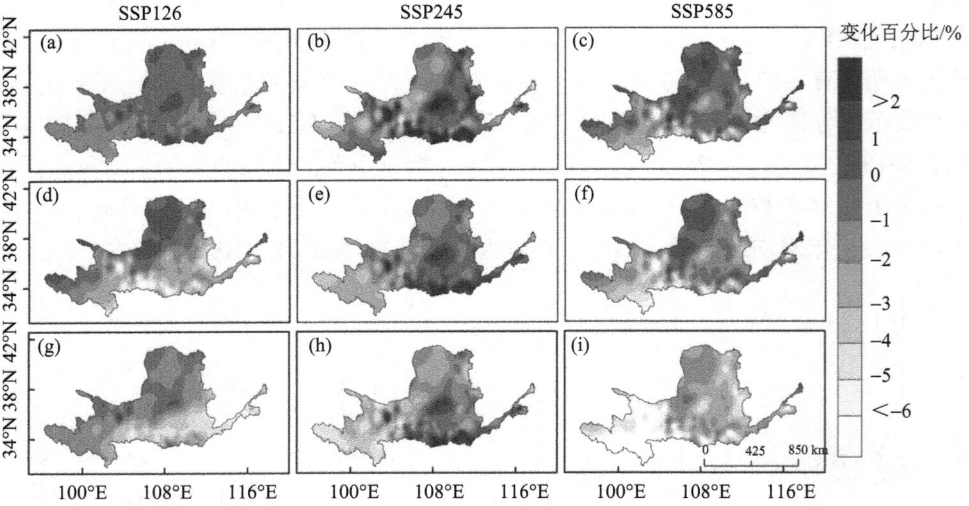

图 6-14　SSP126、SSP245 和 SSP585 情景下 21 世纪近期［（a）～（c）］、中期［（d）～（f）］和末期［（g）～（i）］黄河流域多年平均风速较基准期的变化

最后，基于 MK 检验和 Sen 趋势进一步探索基准期、三种 SSP 情景下黄河流域的年平均风速变化趋势（图 6-15）。整体上来说，三种情景下黄河流域年平均风速预估分别减小−0.008m/（s · 10a）、−0.006m/（s · 10a）和−0.012m/（s · 10a），且年平均风速预估减小速率相较于基准期有所下降。具体来说，基准期情景下预估黄河流域年平均风速呈现下降的变化趋势，但存在明显的空间差异，黄河流域西北部年平均风速呈现不显著增加的变化趋势，东南部年平均风速呈现显著减小的变化趋势。在 SSP126 情景下，预估黄河流域大部分区域年平均风速呈现显著减小的变化趋势。随着不平衡发展程度的增加，预估黄河流域大部分区域的年平均风速下降速率在不断增大，且空间差异更加突出。从空间格局上来看，预估黄河流域年平均风速的下降速率从黄河流域的西北区域向东南区域逐渐递增。

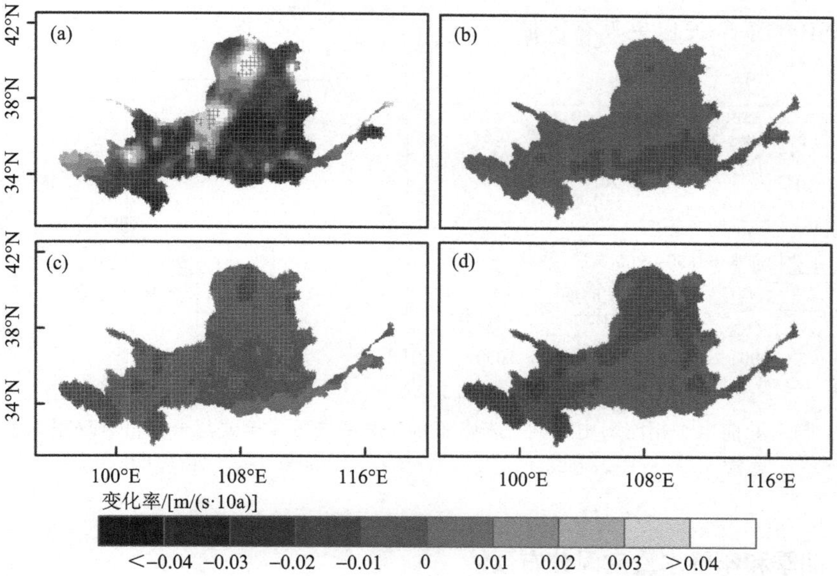

图 6-15 基准期和 SSP126、SSP245、SSP585 情景下 2015～2099 年黄河流域年平均风速变化趋势的空间格局

6.3 全球变暖 1.5℃、2.0℃和 3.0℃下黄河流域气候变化预估

6.3.1 未来变暖期的确定

图 6-16（a）和（b）分别展示了历史时期、三种 SSP 情景和温升情景下基于工业化前水平的地表温度异常。全球地表温度异常的多模式集合均值显示：在 SSP126、SSP245 和 SSP585 情景下，分别在 2018～2037 年、2018～2037 年和 2017～2036 年达到全球变暖 1.5℃；在 SSP126、SSP245 和 SSP585 情景下，分别在 2032～2051 年、2031～2050 年和 2028～2047 年达到全球变暖 2.0℃；在 SSP245 和 SSP585 情景下，分别在 2060～2079 年和 2047～2066 年达到全球变暖 3.0℃；在 SSP126 情景下，到 21 世纪末无法达到全球变暖 3.0℃。可以看出，在相同的阈值下，较高的地表温度异常和较高的不平衡发展程度相匹配，在较高的不平衡发展路径中地表温度异常变化幅度更明显。本章将选用中度排放情景（SSP245）的结果作为进行全球变暖试验的驱动资料。选择这一情景的主要原因是它是一条更接近当前社会发展的中间道路，代表了适度发展和适度排放情景的结合（Chen et al., 2023）。此外，6.2 节已经得出在该情景下气候变化相对于 SSP126 和 SSP585 更适中，相应的模拟结果也更符合未来发展的实际情况（Chen et al., 2023）。因此，在计算资源有限的情况下，对全球变暖下最可能遭受的洪涝风险进行精细化预估，相对于

其他 SSP 情景来说也更具有价值。

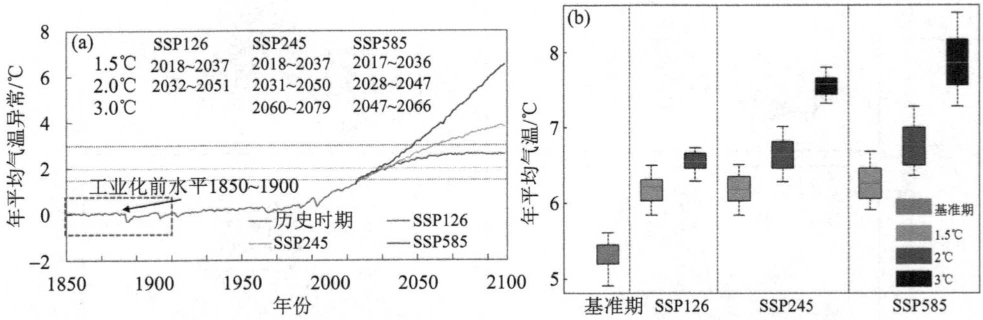

图6-16　与工业前水平相比历史时期和未来三种SSP情景下多模式集合均值全球平均表面温度异常（a）及全球变暖 1.5℃、2.0℃和 3.0℃的地表温度箱线图（b）

6.3.2　四季和年降水量空间分布预估

图 6-17 为全球变暖 1.5℃、2.0℃和 3.0℃下黄河流域四季和年降水量较基准期均值变化的空间格局。整体上来说，与基准期相比，当全球变暖达到 1.5℃、2.0℃和 3.0℃时，黄河流域大部分区域四季和年降水量均增加，黄河流域南部的春季和冬季降水量增幅较大，西北部的夏季、秋季和年降水量增幅较大。当全球变暖从 1.5℃达到 3.0℃时，与基准期相比，黄河流域春季、夏季、秋季、冬季和年降水量的变化量分别从 5.69%增加到 17.80%、6.82%增加到 10.86%、9.89%增加到 22.86%、2.86%增加到 17.42%和 7.24%增加到 14.68%。由此可见，在全球变暖的大背景下黄河流域秋季降水量增幅最大，夏季降水量增幅最小。

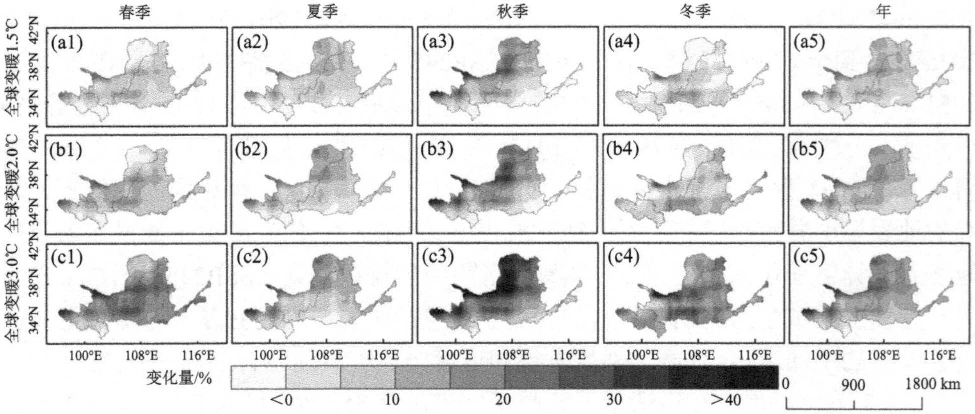

图 6-17　当全球变暖达到 1.5℃、2.0℃和 3.0℃时四个季节和年降水量相对于基准期（1995～2014 年）的变化

6.3.3　四季和年气温空间分布预估

图 6-18 为全球变暖 1.5℃、2.0℃和 3.0℃下黄河流域季节和年最高气温、最低气温、平均气温较基准期均值变化的空间格局。由图 6-18（a1）～（c5）可知，

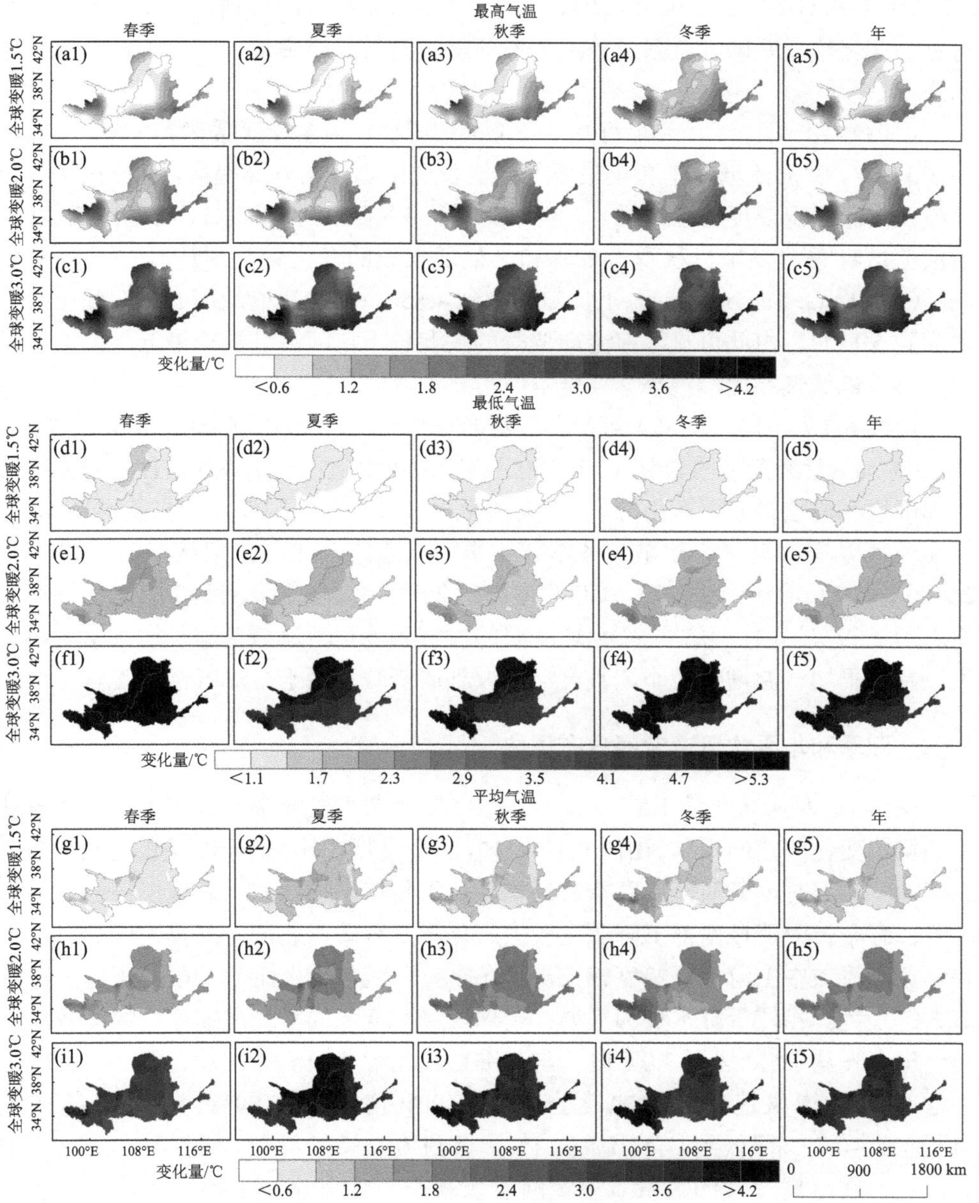

图 6-18　当全球变暖达到 1.5℃、2.0℃和 3.0℃时四个季节和年最高气温[（a1）～（c5）]、最低气温[（d1）～（f5）]、平均气温[（g1）～（i5）]相对于基准期（1995～2014 年）的变化

与基准期相比，当全球变暖达到 1.5℃、2.0℃和 3.0℃时，黄河流域四季和年最高气温均表现出稳健的升高趋势，且黄河流域中下游区域和黄河源区西北部增温幅度更大。当全球变暖从 1.5℃达到 3.0℃时，与基准期相比，黄河流域春季、夏季、秋季、冬季和年最高气温的变化量分别从 0.91℃增加到 2.70℃、0.81℃增加到 2.72℃、1.08℃增加到 3.02℃、1.40℃增加到 3.11℃和 1.05℃增加到 2.89℃。由此可见，在全球变暖的大背景下黄河流域冬季最高气温增幅最大，春季最高气温增幅最小。

由图 6-18（d1）～（f5）可知，与基准期相比，当全球变暖达到 1.5℃、2.0℃和 3.0℃时，黄河流域四季和年最低气温均表现出稳健的升高趋势，且自东南向西北最低气温增温幅度逐渐增加。当全球变暖从 1.5℃达到 3.0℃时，与基准期相比，黄河流域春季、夏季、秋季、冬季和年最低气温的变化量分别从 1.31℃增加到 5.52℃、1.14℃增加到 4.73℃、1.16℃增加到 4.85℃、1.27℃增加到 5.35℃和 1.22℃增加到 5.11℃。由此可见，在全球变暖的大背景下黄河流域春季最低气温增幅最大，夏季最低气温增幅最小。

由图 6-18（g1）～（i5）可知，与基准期相比，当全球变暖达到 1.5℃、2.0℃和 3.0℃时，黄河流域四季和年平均气温均表现出稳健的升高趋势，且黄河流域西北部平均气温增幅高于东南部。当全球变暖从 1.5℃达到 3.0℃时，与基准期相比，黄河流域春季、夏季、秋季、冬季和年平均气温的变化量分别从 0.74℃增加到 2.29℃、1.02℃增加到 2.78℃、0.87℃增加到 2.67℃、0.88℃增加到 2.61℃和 0.88℃增加到 2.59℃。由此可见，在全球变暖的大背景下黄河流域夏季平均气温增幅最大，春季平均气温增幅最小，且黄河流域气候变暖滞后于全球气候变暖。

6.3.4 四季和年平均风速空间分布预估

图 6-19 为全球变暖 1.5℃、2.0℃和 3.0℃下黄河流域季节和年平均风速较基准期均值变化的空间格局。由图 6-19 可知，与基准期相比，当全球变暖达到 1.5℃、2.0℃和 3.0℃时，黄河流域春季、夏季、秋季和年平均风速均表现出稳健的下降趋势；春季黄河流域南部下降幅度较大，夏季和秋季西北部下降幅度较大，冬季和年黄河流域中上游下降幅度较大，且冬季黄河流域中上游部分区域平均风速有增大的趋势。相较于降水量和气温，全球变暖背景下的平均风速变化幅度较小。当全球变暖从 1.5℃达到 3.0℃时，与基准期相比，黄河流域春季、夏季、秋季、冬季和年平均风速的变化幅度分别从–0.90%增加到–0.89%、–1.00%降低到–1.24%、–0.77%降低到–1.47%、0.31%降低到 0.16%和–0.61%降低到–0.85%。由此可见，在全球变暖的大背景下黄河流域秋季平均风速减小幅度最大，冬季平均风速增幅最大。

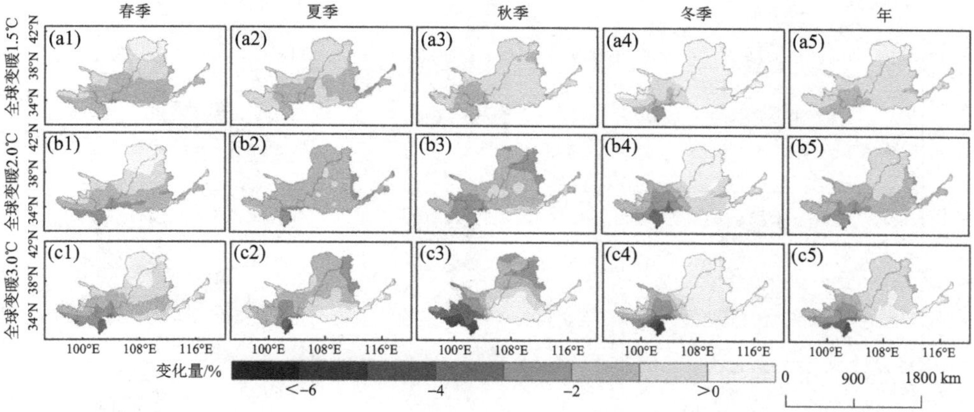

图6-19 当全球变暖达到1.5℃、2.0℃和3.0℃时四个季节和年平均风速相对于基准期（1995～2014年）的变化

6.4 全球变暖1.5℃、2.0℃和3.0℃下黄河流域极端气候变化预估

在气候变化的基础上，本书进一步预估了全球变暖1.5℃、2.0℃和3.0℃下黄河流域极端气候较基准期均值变化的空间格局，这些内容将加深对全球气候变暖下黄河流域极端气候变化规律的认识。

6.4.1 极端降水事件空间分布预估

图6-20为全球变暖1.5℃、2.0℃和3.0℃下黄河流域日最大降水量（RX1day）、五日最大降水量（RX5day）和降水强度（SDII）较基准期均值变化的空间格局。整体上来说，当全球变暖达到1.5℃、2.0℃和3.0℃时，黄河流域大部分区域RX1day、RX5day和SDII均增加，三种极端降水强度指数均在上游北部、湟水流域和下游的增幅较大。当全球变暖达到1.5℃和2.0℃时，黄河源区、黄河上游和中游的南部小部分区域RX1day、RX5day和SDII有减少趋势。当全球变暖达到3.0℃时，RX1day和RX5day在湟水流域和下游增幅较大；而SDII在黄河流域西北部增幅较大，变化幅度大于40%。当全球变暖从1.5℃达到3.0℃时，黄河流域RX1day、RX5day和SDII的变化幅度分别从8.12%增加到16.93%、7.12%增加到13.65%和19.05%增加到42.36%。由此可见，在全球变暖的大背景下黄河流域极端降水强度普遍增加，且SDII增幅最大，RX5day增幅最小。

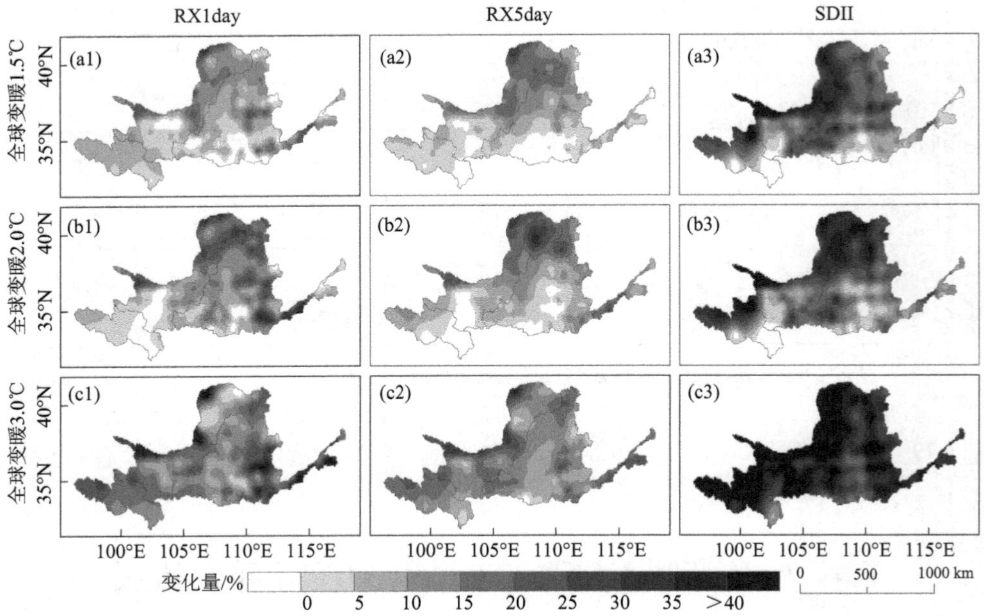

图6-20　当全球变暖达到1.5℃、2.0℃和3.0℃时RX1day、RX5day和SDII相对于基准期（1995～2014年）的变化

图 6-21 为全球变暖 1.5℃、2.0℃和 3.0℃下黄河流域强降水量（R95p）和极强降水量（R99p）较基准期均值变化的空间格局。整体上，当全球变暖达到 1.5℃、2.0℃和 3.0℃时，黄河流域大部分区域 R95p 和 R99p 呈现增加趋势，极端降水相对值均在湟水流域、上游和中游北部增幅较大。当全球变暖达到 1.5℃和 2.0℃时，黄河源区、黄河上游和中游南部的小部分区域 R95p 和 R99p 有减少趋势。当全球变暖达到 3.0℃时，R95p 和 R99p 在黄河源区西北部和湟水流域的增幅较大。当全球变暖从 1.5℃达到 3.0℃时，黄河流域 R95p 和 R99p 的变化幅度分别从 32.85%增加到 70.29%和 6.66%增加到 14.78%。由此可见，在全球变暖的大背景下黄河流域极端降水相对值中 R95p 增幅远高于 R99p。

图 6-22 为全球变暖 1.5℃、2.0℃和 3.0℃下中雨日数（R15mm）、大雨日数（R20mm）和暴雨日数（R25mm）较基准期均值变化的空间格局。整体上，当全球变暖达到 1.5℃、2.0℃和 3.0℃时，黄河流域大部分区域 R15mm、R20mm 和 R25mm 均增加，三种极端降水绝对值均在黄河源区西北部、湟水流域和中游西部地区增幅较大。当全球变暖达到 1.5℃和 2.0℃时，黄河源区东南部、黄河中下游小部分区域的 R15mm、R20mm 和 R25mm 有减少趋势。当全球变暖达到 3.0℃时，R15mm、R20mm 和 R25mm 在黄河源区西北部、湟水流域和中游西部增幅较大。当全球变暖从 1.5℃达到 3.0℃时，黄河流域 R15mm、R20mm 和 R25mm 的变化

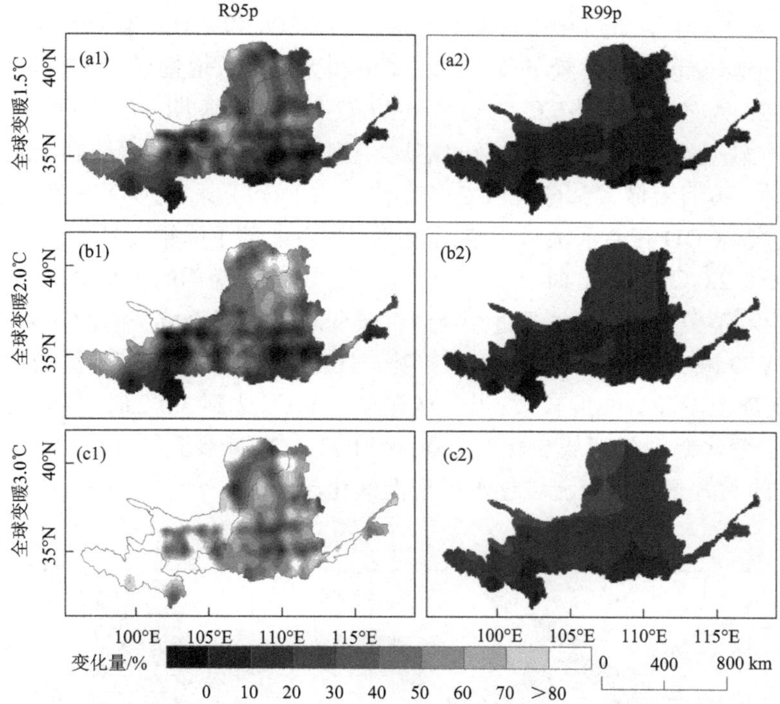

图 6-21　当全球变暖达到 1.5℃、2.0℃和 3.0℃时 R95p 和 R99p 相对于基准期（1995～2014 年）的变化

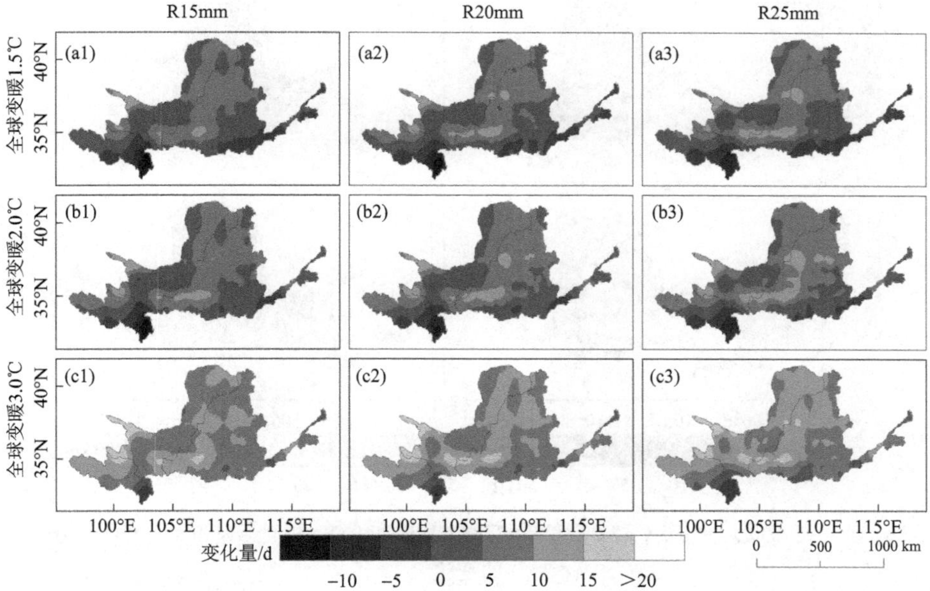

图 6-22　当全球变暖达到 1.5℃、2.0℃和 3.0℃时 R15mm、R20mm 和 R25mm 相对于基准期（1995～2014 年）的变化

幅度分别从 3.84d 增加到 9.32d、4.18d 增加到 9.80d 和 4.18d 增加到 9.90d。由此可见，在全球变暖的大背景下黄河流域暴雨和大雨日数增幅要高于中雨日数。

图 6-23 为全球变暖 1.5℃、2.0℃和 3.0℃下持续降雨期（CWD）和持续干燥期（CDD）较基准期均值变化的空间格局。整体上，当全球变暖达到 1.5℃、2.0℃和 3.0℃时，黄河流域大部分区域 CWD 增加，CDD 减少，CWD 在黄河中游西北部增幅较大，CDD 在黄河流域上游西南部和中游北部下降幅度较大。当全球变暖达到 1.5℃、2.0℃和 3.0℃时，黄河源区东南部、中游南部的大部分区域 CWD 有明显的减少趋势，但不难发现随着全球气候变暖，黄河流域黄河源区东南部和中游南部 CWD 减少区域有明显的缩小趋势，且 CWD 在中游大部分区域增幅较大，CDD 在黄河上游减少幅度较大。当全球变暖从 1.5℃达到 3.0℃时，黄河流域 CWD 和 CDD 的变化幅度分别从 3.4d 增加到 6.4d 和–1.2d 减少到–3.2d。由此可见，在全球变暖的大背景下黄河流域逐渐呈现湿润化趋势。

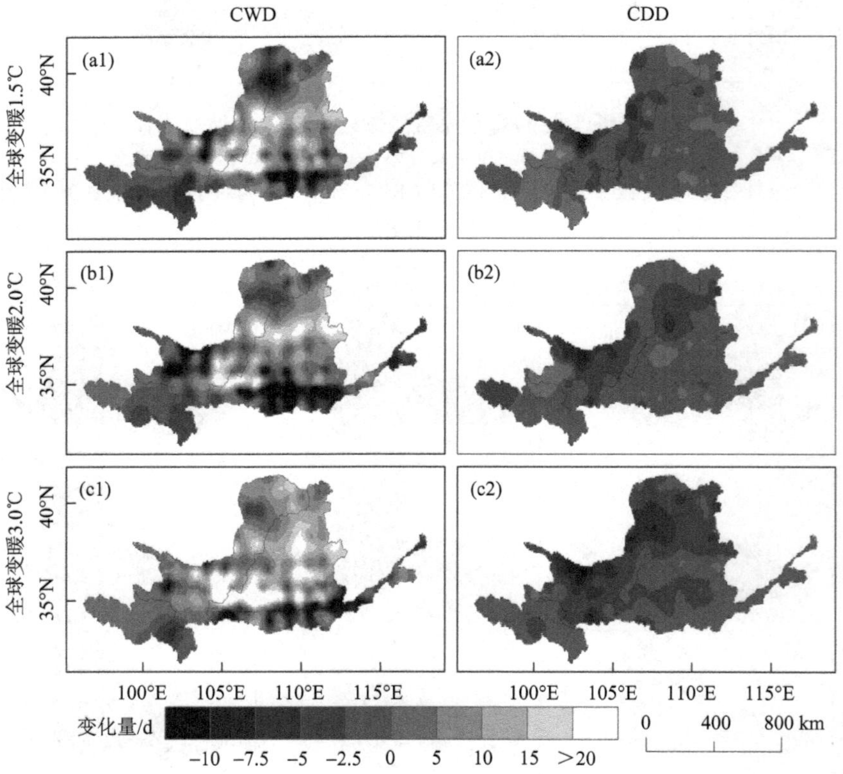

图 6-23　当全球变暖达到 1.5℃、2.0℃和 3.0℃时 CWD 和 CDD 相对于基准期（1995～2014 年）的变化

6.4.2　极端气温事件空间分布预估

图 6-24 为全球变暖 1.5℃、2.0℃和 3.0℃下暖昼日数（TX90p）、暖夜日数（TN90p）、冷昼日数（TX10p）和冷夜日数（TN10p）较基准期均值变化的空间格局。整体上，当全球变暖达到 1.5℃、2.0℃和 3.0℃时，黄河流域大部分区域 TX90p 和 TN90p 增加，TX10p 和 TN10p 减少，TX90p 和 TN90p 在黄河源区西北部、黄河流域中下游增幅较大，TX10p 和 TN10p 在黄河源区减少幅度较大。当全球变暖达到 3.0℃时，TX90p 和 TN90p 在黄河源区、上游西北部、中游和下游增幅均较大，大部分区域 TX90p 增加超过 30d，TN90p 增加超过 40d；而 TX10p 和 TN10p 在黄河源区下降幅度较大，大部分区域 TX10p 减少超过 40d，TN10p 减少超过 30d。当全球变暖从 1.5℃达到 3.0℃时，黄河流域 TX90p、TN90p、TX10p 和 TN10p 的变化量分别从 16.5d 增加到 46.8d、19.6d 增加到 48.6d、–17.8d 减少到–32.6d 和–8.8d 减少到–24.3d。由此可见，在全球变暖的大背景下黄河流域极端热事件普遍增加，而极端冷事件普遍减少。

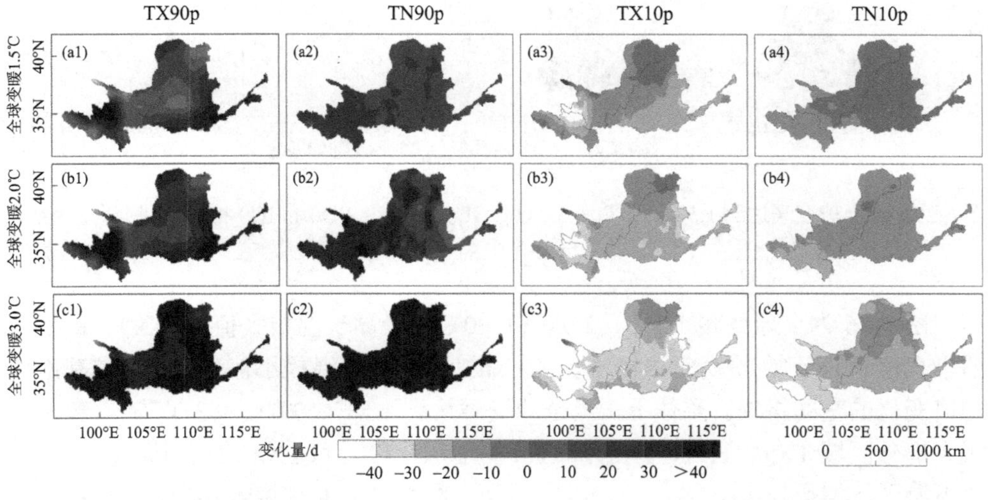

图 6-24　当全球变暖达到 1.5℃、2.0℃和 3.0℃时 TX90p、TN90p、TX10p 和 TN10p 相对于基准期（1995～2014 年）的变化

图 6-25 为全球变暖 1.5℃、2.0℃和 3.0℃下夏季日数（SU25）、热夜日数（TR20）、霜冻日数（FD0）和冰冻日数（ID0）较基准期均值变化的空间格局。整体上，当全球变暖达到 1.5℃、2.0℃和 3.0℃时，黄河流域大部分区域 SU25 和 TR20 增加，FD0 和 ID0 减少，SU25 和 TR20 在黄河源区增幅较大，FD0 在黄河源区和黄河流域中下游减少幅度较大，ID0 在黄河流域北部和黄河源区西北部减少幅度较大。当全球变暖达到 3.0℃时，SU25 在黄河源区、上游西南部、中游中

部区域增幅较大，且 SU25 增加超过 30d；TR20 在黄河源区和湟水流域增加较大，且 TR20 增加超过 30d；FD0 在黄河源区和湟水流域减少幅度较大，且 FD0 减少超过 30d；ID0 在黄河源区西北部和黄河流域北部减少幅度较大，减少超过 30d。当全球变暖从 1.5℃达到 3.0℃时，黄河流域 SU25、TR20、FD0 和 ID0 的变化幅度分别从 13.65d 增加到 27.66d、9.24d 增加到 25.51d、–9.38d 减少到–26.79d 和–9.07d 减少到–17.52d。由此可见，在全球变暖的大背景下黄河流域极端高温天气普遍增加，极端低温天气普遍减少，且霜冻日数减少幅度最大。

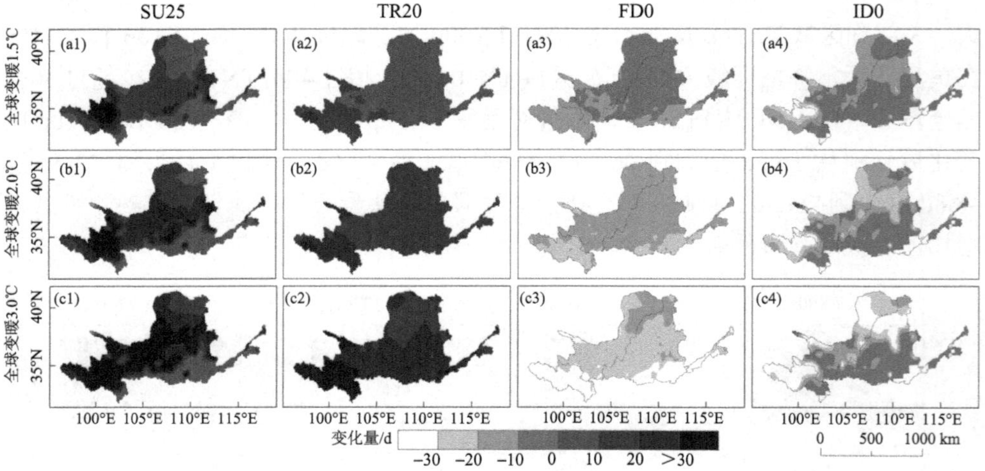

图 6-25　当全球变暖达到 1.5℃、2.0℃和 3.0℃时 SU25、TR20、FD0 和 ID0 相对于基准期（1995～2014 年）的变化

图 6-26 为全球变暖 1.5℃、2.0℃和 3.0℃下最高气温极大值（TXx）、最低气温极大值（TNx）、最高气温极小值（TXn）和最低气温极小值（TNn）较基准期均值变化的空间格局。整体上，当全球变暖达到 1.5℃、2.0℃和 3.0℃时，黄河流域大部分区域 TXx、TNx、TXn 和 TNn 均增加，TXx 和 TXn 在黄河源区西北部、中下游区域增幅较大，TNx 和 TNn 在黄河上游和中游北部增幅较大。当全球变暖达到 3.0℃时，TXx 和 TXn 在黄河源区西北部和中下游增幅均较大，且 TXx 和 TXn 增幅均超过 3℃；TNx 在整个黄河流域无明显空间异质性，TNx 大部分区域增幅介于 2℃～3℃，TNn 在黄河流域北部大部分地区增幅较大，TNn 增幅超过 3℃。当全球变暖从 1.5℃达到 3.0℃时，黄河流域 TXx、TNx、TXn 和 TNn 的变化量分别从 1.02℃增加到 2.67℃、0.97℃增加到 2.70℃、1.32℃增加到 2.84℃和 1.03℃增加到 3.08℃。由此可见，在全球变暖的大背景下黄河流域最高气温极小值和最低气温极小值增幅最大。

图 6-27 为全球变暖 1.5℃、2.0℃和 3.0℃下异常冷夜持续日数（CSDI）和异

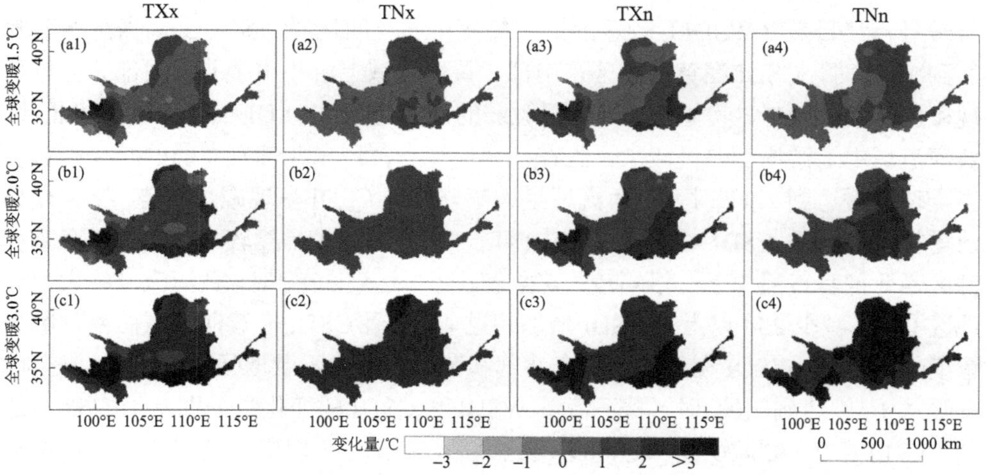

图 6-26　当全球变暖达到 1.5℃、2.0℃和 3.0℃时 TXx、TNx、TXn 和 TNn 相对于基准期（1995～2014 年）的变化

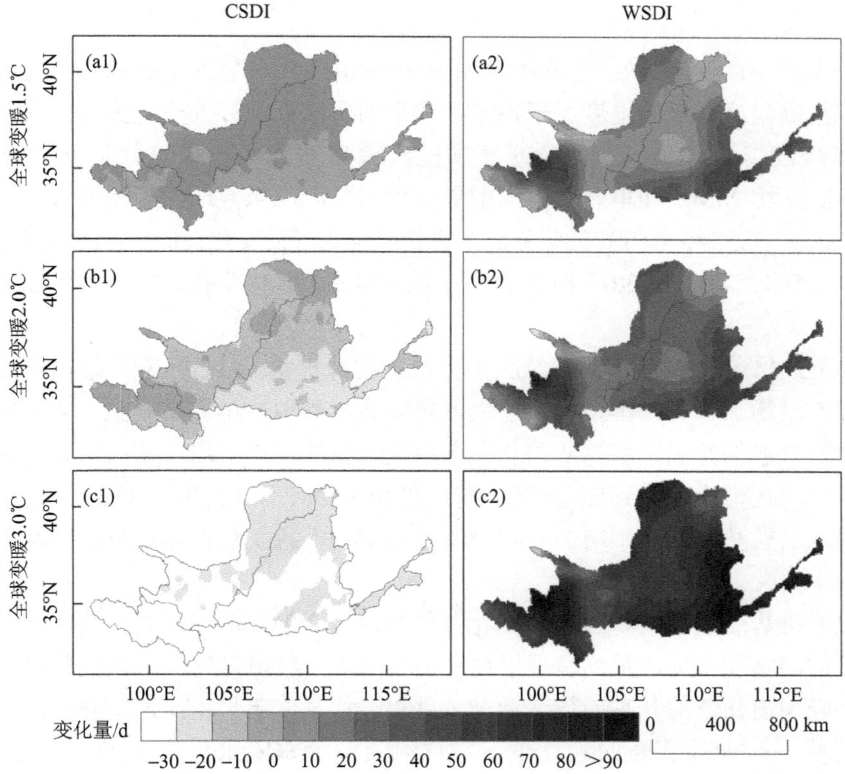

图 6-27　当全球变暖达到 1.5℃、2.0℃和 3.0℃时 CSDI 和 WSDI 相对于基准期（1995～2014 年）的变化

常暖昼持续日数（WSDI）较基准期均值变化的空间格局。整体上，当全球变暖达到 1.5℃时，CSDI 在黄河源区东南部、黄河流域上游和中游北部大部分区域呈现微弱的增加趋势，其他地区则呈现微弱的减少趋势；WSDI 在黄河源区西北部、黄河流域中上游增加幅度较大，且在湟水流域和黄河东北部有微弱的减少趋势。当全球变暖达到 2.0℃时，黄河流域绝大部分区域 CSDI 呈现减少趋势，WSDI 呈现增加趋势，且 CSDI 在黄河流域中游南部和下游减少幅度较大；WSDI 在黄河源区西北部和黄河中下游增幅较大。当全球变暖达到 3.0℃时，黄河流域绝大部分地区 CSDI 减少 25d 以上，WSDI 增加超过 45d，且 CSDI 在黄河流域西南部减少幅度超过 30d，WSDI 在黄河源区东北部和黄河流域中下游增幅超过 75d。当全球变暖从 1.5℃达到 3.0℃时，黄河流域 WSDI 和 CSDI 的变化量分别从 16.76d 增加到 66.34d 和 2.54d 减少到–32.48d。由此可见，在全球变暖的大背景下黄河流域异常暖昼持续日数持续增加，而异常冷夜持续日数将持续减少。

6.5 小　结

在本章中，使用 1961～1994 年和 1995～2014 年气象站生成的网格化逐日降水量、最高温度、最低温度、平均温度和平均风速分别对多模式集合的气候模式进行降尺度，并评估 CMIP6 的气候模式模拟能力。首先，我们研究证实了 MME-delta 比 MME 和单一气候模型更能代表黄河流域各地的观测值；其次，预估 SSP126、SSP245 和 SSP585 情景下的黄河流域气候变化；最后，揭示当全球变暖达到 1.5℃、2.0℃和 3.0℃时的黄河流域（极端）气候变化。本章得到以下主要结论：

（1）2015～2099 年黄河流域大部分地区的降水量、最低气温、最高气温和平均气温均呈增加趋势，年平均风速呈下降趋势，且预估年最高气温、年最低气温和年平均气温的升温速率将从西北向东南逐渐降低，年平均风速的下降速率将从西北向东南逐渐增加。到 21 世纪末期，在 SSP126、SSP245 和 SSP585 情景下，流域降水量较基准期分别增加 14.15%、18.61%和 29.11%；年均风速较基准期分别减少 1.97%、1.82%和 3.73%。

（2）与基准期相比，当全球变暖达到 1.5℃、2.0℃和 3.0℃时，黄河流域大部分区域的四季和年降水量均呈现增加趋势，四季、年最高气温、最低气温和平均气温均表现出稳健的升高趋势，春季、夏季、秋季、年平均风速均表现出稳健的下降趋势。在全球变暖的大背景下，黄河流域秋季降水量增幅最大（9.89%～22.86%），夏季降水量增幅最小（6.82%～10.86%）；冬季最高气温增幅最大（1.40～3.11℃），春季最高气温增幅最小（0.91～2.70℃）；春季最低气温增幅最大（1.31～5.52℃），夏季最低气温增幅最小（1.14～4.73℃）；夏季平均气温增幅最大（1.02～

2.78℃），春季平均气温增幅最小（0.74～2.29℃），且黄河流域气候变暖滞后于全球气候变暖。整体上，黄河流域风速变化幅度不大。

（3）与基准期相比，当全球变暖从 1.5℃达到 3.0℃时，黄河流域极端降水强度、次数和持续降雨期将增加，极端高温事件增加，而极端冷事件将减少。随着全球气候变暖，黄河源区、黄河流域中下游和湟水流域的极端气候事件变化最为突出，表明这些区域对全球气候变暖的影响最为敏感。将全球气候变暖限制在 1.5℃时，与全球变暖 3.0℃相比，黄河流域降水强度将降低 23.31%，强降水量将降低 37.44%，暴雨日数将减少 5.72d，黄河流域面临的洪涝风险将大幅度降低。

第 7 章　全球变暖和 LUCC 共同影响下的黄河流域径流变化及洪涝风险评估

全球气候变暖是导致水文循环加速的主要原因（Bin et al., 2018; 徐宗学和姜瑶, 2022）。已有研究揭示全球气候变暖将导致干旱和洪涝等极端水文事件强度、发生的概率和影响面积增加（Donat et al., 2016; Nangombe et al., 2018; Wen et al., 2019; Zhao et al., 2020; Wang et al., 2020b; Zhang et al., 2021b）。然而，黄河流域水旱灾害频发，严重制约了黄河流域高质量发展。因此，亟须对黄河流域洪涝灾害等做好预警工作，以降低洪涝灾害带来的损失。鉴于此，本章在第 5 章气候变化和 LUCC 对黄河流域径流变化的影响、第 6 章全球变暖背景下黄河流域气候变化预估研究成果的基础上，首先将 MME-delta 气候变化预估结果与 FLUS 模型结合，模拟全球变暖 1.5℃、2.0℃和 3.0℃下黄河流域径流及极端径流演变规律；其次，结合黄河流域未来人口和 GDP 数据，探讨黄河流域暴露于特大（百年一遇）洪涝的人口和 GDP，量化全球变暖 1.5℃、2.0℃和 3.0℃下黄河流域特大洪涝人口经济暴露度风险，以期为黄河流域洪涝风险防范和气候变化适应战略的合理规划提供参考依据。

本章主要解决以下几个问题：

（1）FLUS 对黄河流域历史时期 LUCC 的模拟能力如何？

（2）全球变暖和 LUCC 共同影响下黄河流域径流及极端径流演变规律如何？

（3）全球变暖和 LUCC 共同影响下黄河流域洪涝风险变化如何？

7.1　基于 FLUS 模型的黄河流域未来 LUCC 模拟

本书采用 FLUS 模型和欧亚大陆 LUCC 预测数据集来模拟全球变暖 1.5℃、2.0℃和 3.0℃情景下黄河流域 2050 年 1km 分辨率的 LUCC 空间格局。基于 FLUS 模型的未来 LUCC 模拟主要流程包括：①模型构建及预估结果精度验证。其中，FLUS 模型的构建主要依赖 LUCC 驱动因子的选择和 FLUS 模型的参数设置。模拟结果的精度检验方法选择以中国科学院资源环境科学数据平台的 2010 年 LUCC 为基础，基于 FLUS 模型模拟的黄河流域 2020 年 LUCC，与中国科学院资源环境科学数据平台的 2020 年 LUCC 进行对比和精度评价。②以中国科学院资源环境科学数据平台的 2020 年 LUCC 为基础，基于 FLUS 模型模拟全球变暖 1.5℃、2.0℃和 3.0℃情景下黄河流域的 2050 年 LUCC。其中，LUCC 类型的需求量通过欧亚大陆 LUCC 预测数据集整理获得，该数据相较于 LUH2 数据具有更高的空间分辨率。本书将可持续发展路径（SSP126）下的 2050 年黄河流域 LUCC 预测数据集需求量定义为全球变暖 1.5℃情景下的 2050 年 LUCC 类型需求量；将中度发展路径（SSP245）下的 2050 年黄河流域 LUCC 预测数据集需求量定义为全球变暖 2.0℃情景下的 2050 年 LUCC 类型需求量；将高度发展路径（SSP585）下的 2050 年黄河流域 LUCC 预测数据集需求量定义为全球变暖 3.0℃情景下的 2050 年 LUCC 类型需求量。

7.1.1 FLUS 模型构建及其精度检验

1. FLUS 模型驱动因素的确定

FLUS 模型的 LUCC 模拟，除必不可少的 LUCC 外，还需要影响 LUCC 的驱动因素，用以确定不同 LUCC 类型在每个栅格上出现的概率。在本书中综合考虑了黄河流域的实际情况、数据来源的可靠性和一致性以及参考了相关研究（秦埼瑞等, 2019; 黎云云等, 2020; Liao et al., 2020）。本书选取五个自然驱动因素（DEM、坡度、土壤类型、降水量和平均气温）、两个社会经济因素（人口密度和地均 GDP）、四个交通区位因素（到城市中心距离、到铁路距离、到公路距离和到河流距离）。另外，基准期及全球变暖 1.5℃、2.0℃和 3.0℃情景下黄河流域 DEM、坡度、到城市中心距离、到铁路距离、到公路距离和到河流距离共 6 个驱动因素均以基准期为准；基准期降水量和平均气温分别为 1995～2014 年黄河流域 MME-delta 的年均降水量和平均气温，基准期人口密度和地均 GDP 分别为 2010 年中国科学院资源环境科学数据平台提供的人口密度和地均 GDP；全球变暖 1.5℃、2.0℃和 3.0℃情景下降水量、平均气温、人口密度和地均 GDP 分别为 SSP245 对应变暖情景下的黄河流域多年平均降水量、平均气温、人口密度和地均 GDP。以上研究数据在处理过程中均以基准期 2010 年 LUCC 为基准，统一为 WGS-84 坐标系 1km×1km 分辨率的栅格数据，并确保所有数据的行列号（2148 行×1177 列）均完全一致（图 7-1）。

2. FLUS 模型参数

FLUS 模型模拟前需要对模型参数进行设置，这对 LUCC 模拟结果起到关键性作用。以 2010 年 LUCC 为初始年份数据，首先对各 LUCC 类型进行赋值：耕地赋值为 1，林地赋值为 2，草地赋值为 3，水域赋值为 4，不透水面赋值为 5，未利用土地赋值为 6。其次，需要设置神经网络的训练参数，为减少人为主观影响，采样模式选择随机采样，采样比例设置为 0.03，根据驱动因素的数量将神经网络的隐藏层设置为 11。再次，加载驱动要素并将各种驱动要素进行归一化处理。最后，获取研究区六种 LUCC 类型的适宜性概率图集（图 7-2）。

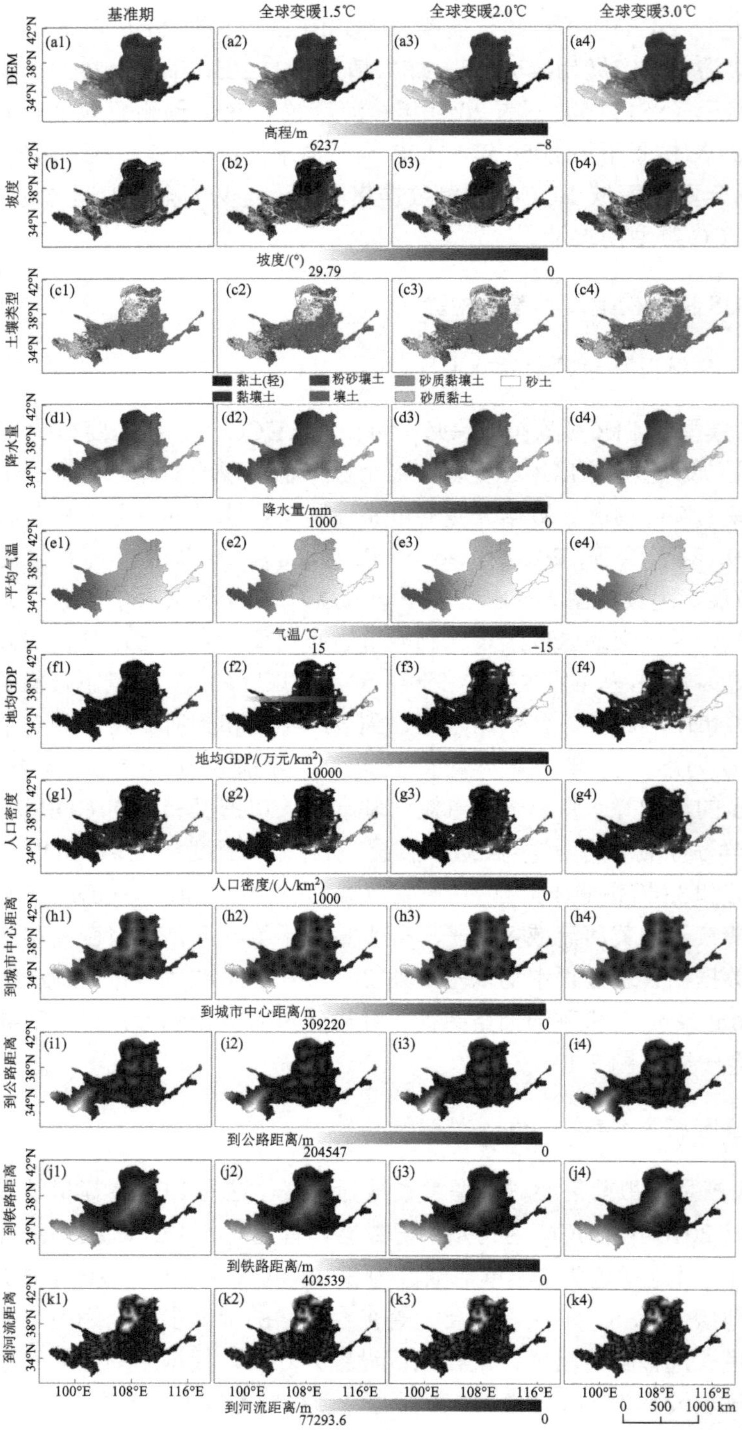

图 7-1　基准期和全球变暖 1.5℃、2.0℃、3.0℃情景下的黄河流域 LUCC 驱动因素

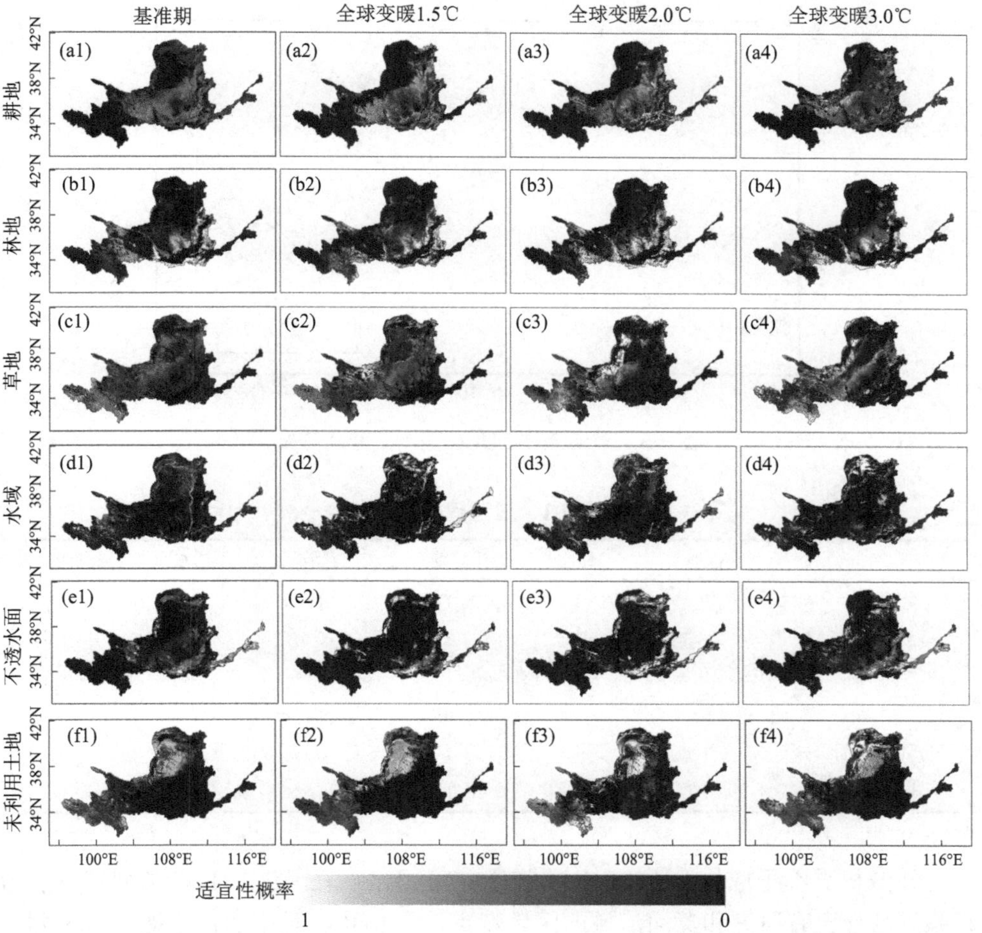

图 7-2　基准期和全球变暖 1.5℃、2.0℃、3.0℃情景下的黄河流域各 LUCC 类型的适宜性概率图集

基于自适应惯性机制的元胞自动机模块，加载初始年份（2010 年）LUCC，并保持与 LUCC 类型赋值不变。然后，输入基准期的适宜性概率图集。接着，本书将水域设置为不可变更的 LUCC 类型，即将水域赋值为 0，其他 LUCC 类型赋值为 1，生成黄河流域水体的二值图像（图 7-3）。其中，赋值为 0 表示 LUCC 类型不变，即保持为水域；赋值为 1 表示可以转换为其他 LUCC 类型。

最后设置 LUCC 模拟的参数，本书中迭代次数、邻域大小和加速因子均为 FLUS 模型的默认值。模拟 LUCC 转换的数量目标设置为 2020 年黄河流域各 LUCC 类型的实际需求量。在过渡转移矩阵中，定义某种 LUCC 类型是否可以向另一种 LUCC 类型转变，取值为 1 时表示可以转变，取值为 0 时表示不可以转变。本书参考以往相关研究（Hu et al., 2022）并结合黄河流域的生态环境政策，设置过渡转移矩阵（表 7-1）。

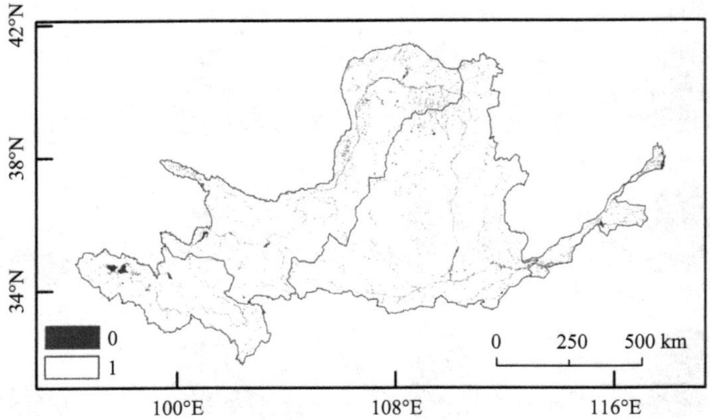

图 7-3　黄河流域 LUCC 限制区空间分布

表 7-1　过渡转移矩阵

	耕地	林地	草地	水域	不透水面	未利用土地
耕地	1	1	1	1	1	1
林地	1	1	1	0	1	1
草地	1	1	1	1	1	1
水域	0	0	0	1	0	0
不透水面	1	1	1	0	1	0
未利用土地	1	1	1	1	1	1

邻域权重因子取值介于 0～1，其值越接近于 1，表示该 LUCC 类型扩张能力越强。结合已有研究和黄河流域的区域特点，将 LUCC 类型的扩张能力从大到小依次排列为不透水面>草地>林地>水域>未利用土地>耕地，其中受人类活动影响最大的不透水面设置为 1，而黄河流域的生态保护和高质量发展强调了加强耕地保护与提升耕地质量的重要性，耕地扩张能力减弱，将耕地设置为 0.1；考虑到气候变化和人类活动共同作用下未利用土地扩张能力较为适中，将其设为 0.5；其余 LUCC 类型按照排序依次进行赋值，并经过多次调试，最后得到 LUCC 模拟精度较高的邻域权重因子（表 7-2）。

表 7-2　邻域权重因子

土地利用类型	耕地	林地	草地	水域	不透水面	未利用土地
领域权重因子	0.1	0.6	0.8	0.54	1	0.5

3. FLUS 模型 LUCC 模拟结果检验

黄河流域 2020 年 LUCC 实际状况与 2020 年 LUCC 模拟结果如图 7-4 所示。将预测的 2020 年 LUCC 数据与 2020 年实际状况进行对比，通过混淆矩阵计算发现总体精度为 0.888，Kappa 系数为 0.836，模拟结果空间一致程度较高（表 7-3）。整体上，FLUS 模型在黄河流域适用性良好，基于 FLUS 模型模拟黄河流域 LUCC 能够达到较高的精度。因此，后续将基于 FLUS 模型模拟黄河流域全球变暖 1.5℃、2.0℃和 3.0℃下的 LUCC。

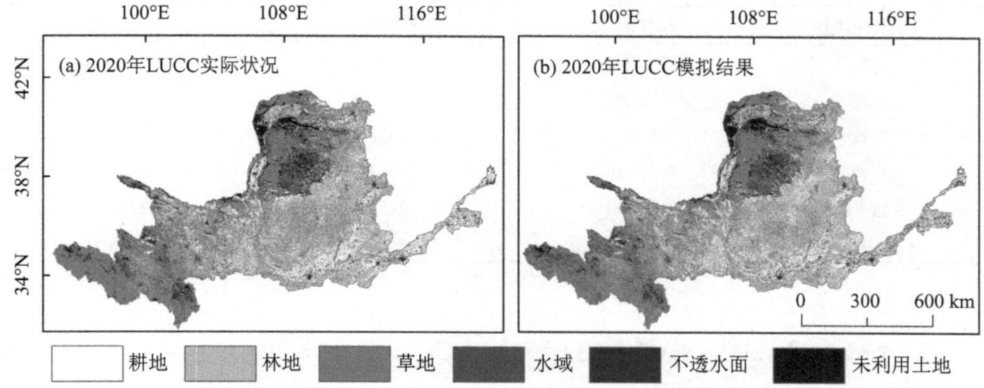

图 7-4　2020 年黄河流域 LUCC 实际状况与模拟结果的空间格局对比

表 7-3　混淆矩阵

模拟	实际					
	耕地	林地	草地	水域	不透水面	未利用土地
耕地	179871	2697	14035	1327	7774	289
林地	1773	100056	4271	140	461	122
草地	10741	3428	356361	790	3254	11275
水域	1460	96	784	11883	401	449
不透水面	11302	152	576	379	18420	153
未利用土地	831	387	9831	559	674	51778

7.1.2　全球变暖情景下 LUCC 模拟

1. 全球变暖情景下各 LUCC 类型需求量的确定

本书基于欧亚大陆 0.10°×0.10° LUCC 预测数据集来确定 2050 年全球温升 1.5℃、2.0℃和 3.0℃情景下各 LUCC 类型的需求量。鉴于欧亚大陆 LUCC 预测数据集中各 LUCC 类型与实际 LUCC 类型的面积有较大出入。为避免未来 LUCC 模拟产生较大误差，本书基于黄河流域 2020 年实际的 LUCC 数据对欧亚大陆 LUCC 预测数据集中的各 LUCC 面积加以更正。具体更正方法为：首先，以黄河流域2020年实际LUCC类型的面积来代替欧亚大陆LUCC预测数据集中各LUCC类型的面积；其次，计算实际各 LUCC 的面积从 2020 年到 2050 年的变化比例；最后，以 2020 年各 LUCC 类型的实际面积乘以欧亚大陆 LUCC 预测数据集中各 LUCC 类型的变化比例，即可以得到 2050 年各 LUCC 类型的需求量（表 7-4）。

表 7-4　全球变暖 1.5℃、2.0℃和 3.0℃情景下黄河流域各 LUCC 类型需求量（单位：km^2）

土地利用类型	全球变暖 1.5℃	全球变暖 2.0℃	全球变暖 3.0℃
耕地	202513	201106	212449
林地	106298	108629	103007
草地	404224	400994	393905
水域	15080	15080	15080
不透水面	25853	28754	32776
未利用土地	54857	54262	51608

2. 全球变暖 1.5℃、2.0℃和 3.0℃下 LUCC 模拟结果

基于 FLUS 模型、驱动因素、适宜性概率图集和相关参数设置，以黄河流域 2020 年 LUCC 数据为初始年份数据，并参考全球变暖 1.5℃、2.0℃和 3.0℃情景下黄河流域各 LUCC 类型需求量，对全球变暖 1.5℃、2.0℃和 3.0℃情景下黄河流域 2050 年的 LUCC 进行预测，结果如图 7-5 所示。

整体来看，黄河流域 LUCC 结构类型较为稳定，基准期和全球变暖 1.5℃、2.0℃、3.0℃下草地仍然是黄河流域最主要的 LUCC 类型。在基准期和全球变暖 1.5℃、2.0℃、3.0℃情景下，各 LUCC 类型在数量和空间上存在不同的变化。表 7-5 揭示了全球变暖 1.5℃、2.0℃和 3.0℃情景下黄河流域 2050 年各 LUCC 类型的面积占比及其相较于基准期（2010 年）的变化百分比。

当全球变暖达到 1.5℃时，与 2010 年各 LUCC 类型的面积占比对比发现，耕地和未利用土地面积占比降低，而林地、草地和不透水面面积占比增加；从变化幅度的角度来看，不透水面和未利用土地的面积占比变化较大，分别增加了 1.33 个百分点和降低了 1.34 个百分点。当全球变暖达到 2.0℃时，与基准期相比，耕地和未利用土地面积占比仍然在降低，而林地、草地和不透水面面积占比仍然增加；从变化幅度的角度来看，不透水面和耕地的面积占比变化较大，分别增加了 1.46 个百分点和降低了 1.51 个百分点。当全球变暖达到 3.0℃时，与基准期相比，耕地、林地和未利用土地的面积占比降低，而草地和不透水面面积占比增加；从

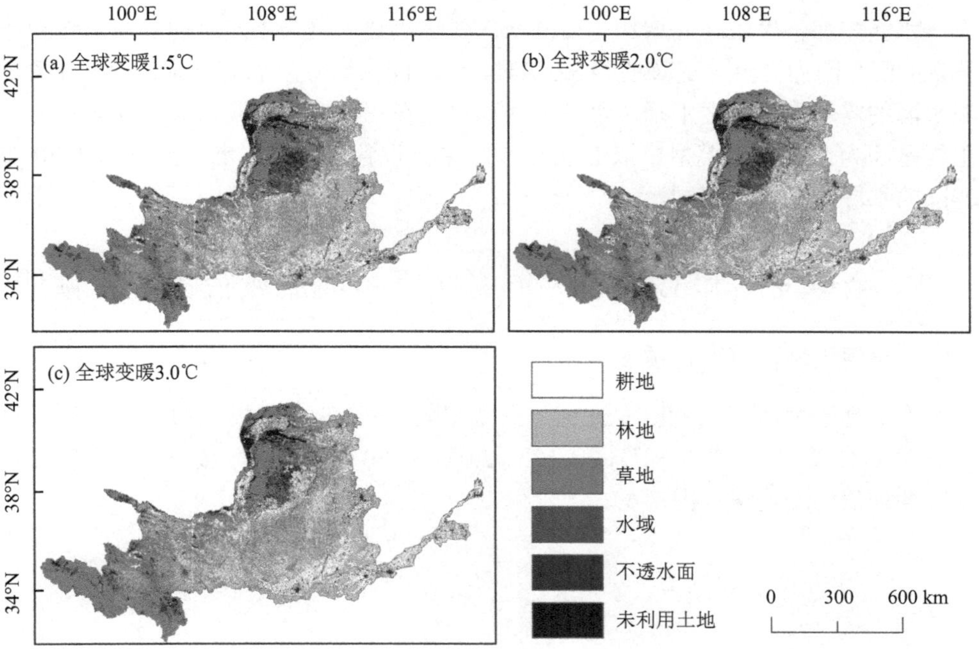

图 7-5　全球变暖 1.5℃、2.0℃和 3.0℃下黄河流域 2050 年 LUCC 预测结果

表 7-5　全球变暖 1.5℃、2.0℃和 3.0℃下黄河流域 2050 年各 LUCC 类型的面积占比及变化

土地利用类型	2010 年面积占比/%	全球变暖 1.5℃		全球变暖 2.0℃		全球变暖 3.0℃	
		面积占比/%	变化百分点	面积占比/%	变化百分点	面积占比/%	变化百分点
耕地	26.30	25.04	−1.26	24.79	−1.51	26.26	−0.04
林地	13.16	13.54	0.38	13.43	0.27	12.74	−0.42
草地	47.49	48.27	0.78	48.34	0.85	48.7	1.21
水域	1.75	1.86	0.11	1.86	0.11	1.86	0.11
不透水面	3.17	4.5	1.33	4.63	1.46	4.05	0.88
未利用土地	8.13	6.79	−1.34	6.95	−1.18	6.38	−1.75

变化幅度的角度来看，未利用土地和草地的面积占比变化较大，分别降低了 1.75 个百分点和增加了 1.21 个百分点。

对比基准期和全球变暖 1.5℃、2.0℃、3.0℃情景下的 LUCC 可以看出，耕地和未利用土地的面积占比均较基准期有所降低，草地、不透水面和水域的面积占比均较基准期有所增加。相较于其他情景，全球变暖 1.5℃下黄河流域林地的面积占比升高最大（0.38 个百分点），这与可持续发展路径相吻合，与全球森林面积增加趋势也吻合（Popp et al., 2017）。草地的面积占比在三种全球变暖情景下都较基准期增加，且随着全球变暖程度的增加而增大。随着全球气候变暖，黄河流域的不透水面增加幅度呈现先增加、后降低的变化趋势，这与不透水面的需求量相违背，主要是因为当全球变暖达到 3.0℃时，这期间人口数量急剧下降，进而导致不透水面的需求量也随之下降。水域的面积占比在三种全球变暖情景下完全相同，主要是因为在 FLUS 模型模拟 LUCC 过程中假设各情景下的水域面积与 2020 年实际的水域面积保持相同。

7.2　全球变暖和 LUCC 共同影响下黄河流域径流变化预估

7.2.1　黄河流域径流变化预估

本书基于黄河流域 MME-delta 气候数据集、FLUS 模型模拟的 LUCC 数据集来驱动 VIC 模型，预估全球变暖 1.5℃、2.0℃和 3.0℃下黄河流域季节和年径流较基准期均值的变化量（图 7-6）。

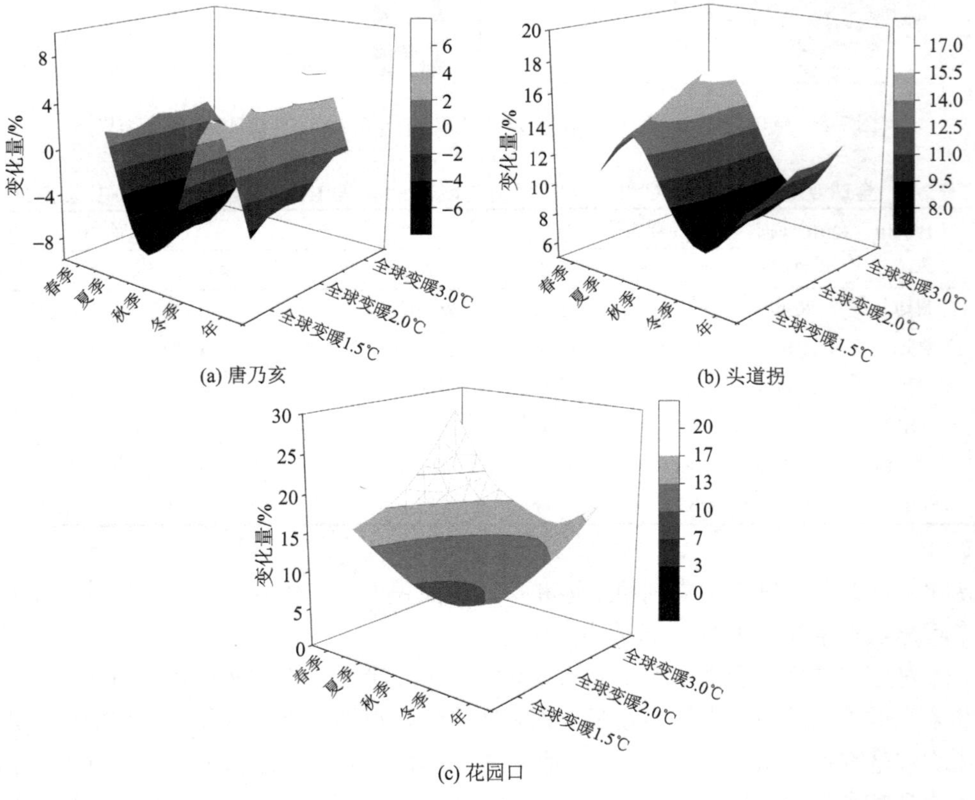

图 7-6　当全球变暖 1.5℃、2.0℃和 3.0℃时黄河源区、上游和中下游相对于基准期的径流变化

由图 7-6 可知，当全球变暖 1.5℃、2.0℃和 3.0℃时，黄河流域上游、中下游季节和年径流通常高于基准期；黄河源区仅在春季和冬季径流高于基准期。尽管估计值仍存在不确定性，但可以反映在全球变暖的大背景下预估黄河源区水资源呈现减少的变化趋势，黄河流域上游和中下游水资源呈现增加的变化趋势。当全球变暖达到 3.0℃时，相较于基准期，黄河源区径流在冬季增幅最大，黄河流域上游径流在夏季增幅最大，黄河流域中下游径流在春季增幅最大，未来应加强黄河流域水资源的调控能力，平衡流域严峻的水资源供需关系。此外，随着全球气候变暖，黄河流域上游、中下游的四季和年径流将持续增加；黄河源区夏季、秋季和年径流减少幅度将持续下降，且在全球变暖 2.0℃情景下春季径流达到最大值，冬季径流将持续增加。值得注意的是，当全球变暖 1.5℃、2.0℃和 3.0℃时黄河流域中下游径流增幅最大，尤其是在春季，分别增加 15.07%、18.34%和 28.26%；当全球变暖 1.5℃、2.0℃和 3.0℃时黄河源区年、夏季和秋季径流减少。研究结果证实当全球变暖达到 3.0℃时，黄河流域中下游春季径流增幅最大，且该区域为洪涝高发区，这意味着在全球变暖的大背景下应警惕黄河流域中下游春季洪涝。

在此基础上，进一步预估全球变暖 1.5℃、2.0℃和 3.0℃下黄河流域四季和年产流较基准期均值变化的空间格局（图 7-7）。

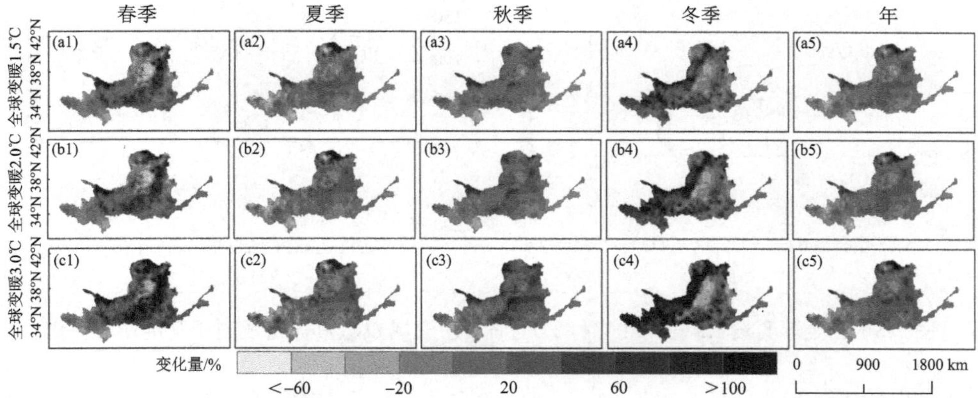

图 7-7　当全球变暖 1.5℃、2.0℃和 3.0℃时四个季节和年产流相对于基准期（1995～2014 年）的变化

整体上，当全球变暖 1.5℃、2.0℃和 3.0℃时，黄河流域大部分区域的四季和年产流均增加，黄河的湟水流域、中游西北部的春季、夏季、秋季和年产流增幅较大，黄河源区和上游冬季产流增幅较大，黄河源区在其他季节产流有减少的变化趋势。当全球变暖从 1.5℃达到 3.0℃时，黄河流域春季、夏季、秋季、冬季和年产流的变化量分别从 35.99%增加到 47.49%、30.22%增加到 32.40%、19.01%增加到 25.71%、39.85%增加到 71.41%和 21.93%增加到 24.34%。由此可见，在全球

变暖的大背景下黄河流域冬季产流增幅最大，而秋季产流增幅最小。

7.2.2　黄河流域极端径流变化预估

本书基于全球变暖 1.5℃、2.0℃和 3.0℃下的逐日天然径流（产流），通过相对阈值法（Q80）提取极端径流（产流）持续时间（D_{max}）和强度（S_{max}）。由第 5 章可知，出水口的极端径流（产流）事件可以定量地反映流域洪水（洪涝）演变特征。

由图 7-8 可知，当全球变暖 1.5℃、2.0℃和 3.0℃时黄河上游、中下游洪水持续时间和强度通常高于基准期；黄河源区洪水持续时间和强度通常低于基准期。尽管估计值仍然存在不确定性，但可以反映在全球变暖的背景下预估黄河源区洪水呈现减少趋势，但水资源量也将持续下降，面临缺水风险；而黄河流域上游和中下游洪水持续时间和强度呈现增加趋势。与基准期相比，黄河流域中游洪水持续时间和强度在变暖 1.5℃和 2.0℃时增幅不是最大的，而是头道拐代表的上游增幅最大。当全球变暖 1.5℃、2.0℃和 3.0℃时，与基准期相比，黄河中下游洪水持续时间分别增加 16.2d、14.97d 和 32.4d，洪水强度分别增加 57.06%、60.47%和 112.20%。

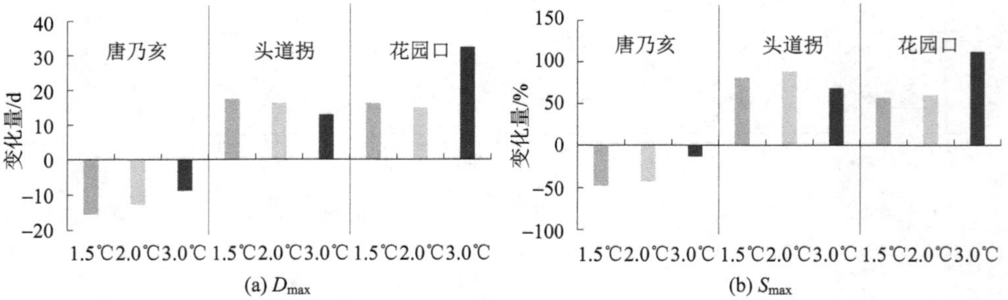

图 7-8　当全球变暖 1.5℃、2.0℃和 3.0℃时黄河流域 D_{max} 和 S_{max} 相对于基准期的变化

图 7-9 为全球变暖 1.5℃、2.0℃和 3.0℃下黄河流域极端产流持续时间和强度较基准期均值变化的空间格局。整体上，当全球变暖 1.5℃、2.0℃和 3.0℃时，与基准期相比，黄河流域大部分地区洪涝持续时间和强度均有所增加，黄河流域北部及湟水流域洪涝持续时间和强度增幅较大；随着全球气候变暖，黄河流域中下游洪涝强度增加更为突出。当全球变暖从 1.5℃达到 3.0℃时，黄河流域洪涝持续时间增加量从 1.6d 增加到 1.9d；洪涝强度的变化量从 36.41%增加到 42.57%。由此可见，当全球变暖从 1.5℃达到 3.0℃时，黄河流域将经历由汛期降水量增加诱发的更长历时、更高强度的洪涝事件。

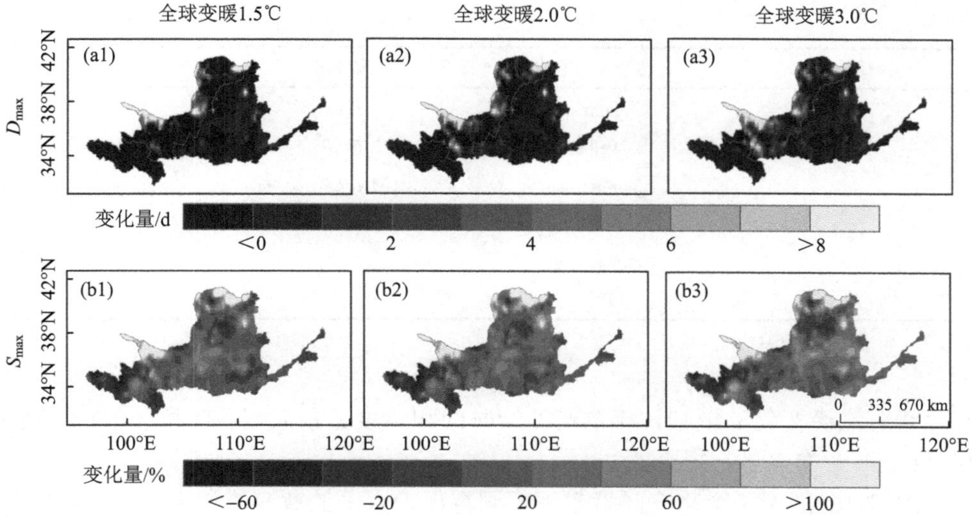

图 7-9　当全球变暖 1.5℃、2.0℃和 3.0℃时年 D_{max}[（a1）～（a3）]、S_{max}[（b1）～（b3）]相对于基准期（1995～2014 年）的变化

7.3　全球变暖和 LUCC 共同影响下黄河流域洪涝风险评估

7.3.1　单变量频率分析的洪涝特征变化

本书中选择了常用的六种边缘分布函数，包括伽马（gamma）、韦布尔（Weibull）、对数正态（log-normal）、广义极值（GEV）、指数（exponential）和 P-Ⅲ边缘分布函数。总出水口（花园口）的极端径流变化可以揭示整个黄河流域的洪水变化特征，且 5.3.3 节已经揭示黄河流域中下游极端径流对全球气候变暖更加敏感。因此，本节重点分析花园口单变量频率分析的洪水极值变化。表 7-6 显示了最大似然估计的 K-S 统计量（D/P）。GEV 分布在洪水持续时间中的表现优于其他分布，Weibull 分布在洪水强度中的表现优于其他分布。为了更好地比较全

表 7-6　基于 K-S 检验的 1995～2014 年 CMIP6 模拟的黄河流域 D_{max} 和 S_{max} 的边缘分布拟合度值

变量	边缘分布函数	统计量	年
D_{max}	gamma	D/P	0.14/0.76
	Weibull	D/P	0.13/0.87
	log-normal	D/P	0.13/0.84
	GEV	D/P	**0.12/0.88**
	exponential	D/P	0.27/0.09
	P-Ⅲ	D/P	0.14/0.76

续表

变量	边缘分布函数	统计量	年
S_{max}	gamma	D / P	0.11/0.95
	Weibull	D / P	**0.08/0.99**
	log-normal	D / P	0.10/0.98
	GEV	D / P	0.10/0.96
	exponential	D / P	0.19/0.43
	P-III	D / P	0.16/0.64

注：加粗数据代表拟合效果最好，下同。

球变暖对洪涝变化的影响，年洪涝持续时间和强度分别采用各阶段较好的 GEV 和 Weibull 分布来进行拟合。

图 7-10 展示了全球变暖背景下不同重现期水平的黄河流域洪水持续时间和强度极值。由图 7-10 可知，随着重现期水平的增加，三种全球变暖情景下的黄河流域洪水持续时间和强度极值呈现增加的变化趋势；随着全球气候变暖，不同重现期水平存在较大差异，洪水持续时间极值呈现先增加、后减少、再增加的变化趋势，而洪水强度持续增加，且当全球变暖达到 3.0℃时特大（百年一遇）洪水的持续时间和强度均达到最大值，特大洪水持续时间为 124.37d，特大洪水强度为 287.50 亿 m^3。

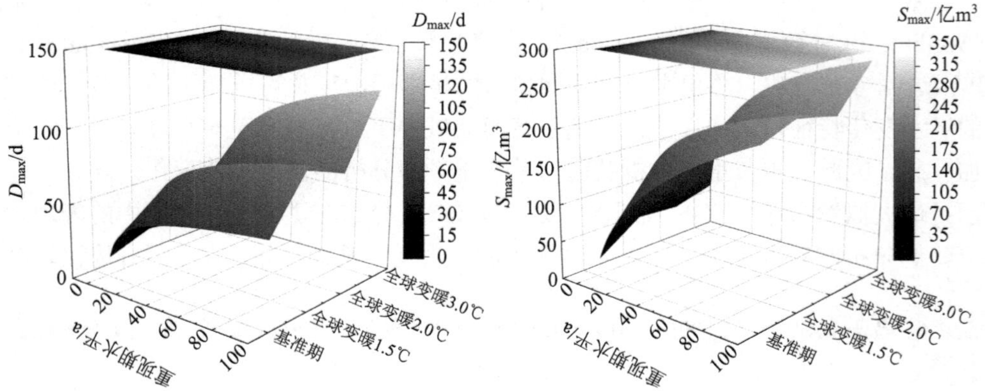

(a)　　　　(b)

图 7-10　基准期和全球变暖 1.5℃、2.0℃、3.0℃下黄河流域不同重现期水平下的 D_{max} 和 S_{max} 值

在此基础上，进一步预估全球变暖 1.5℃、2.0℃和 3.0℃下黄河流域特大洪涝持续时间和强度较基准期均值变化的空间格局（图 7-11）。选择特大（百年一遇）洪涝的主要原因是特大洪涝对人民群众生命财产造成的损失最为严重，相应的洪

涝风险也最大。

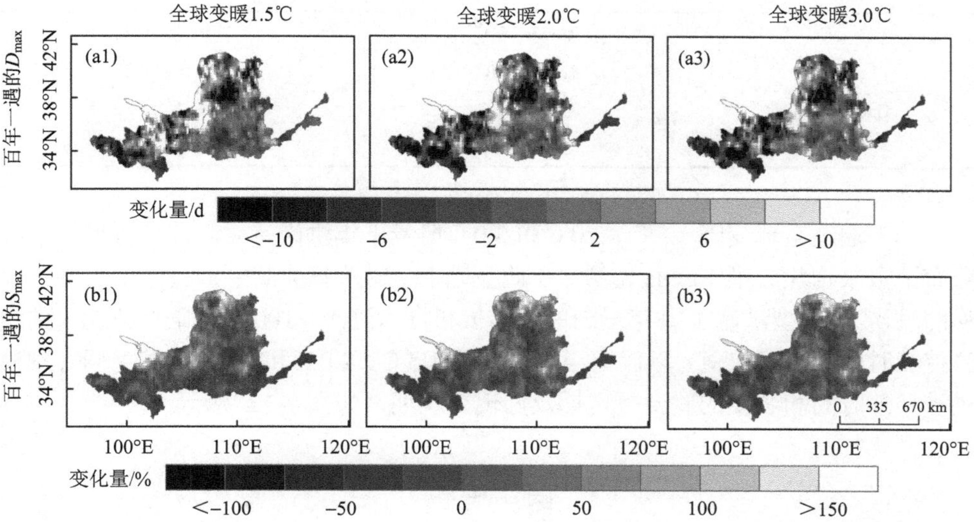

图 7-11　当全球变暖 1.5℃、2.0℃和 3.0℃时百年一遇的 D_{max}[（a1）～（a3）]和 S_{max}[（b1）～（b3）]相对于基准期（1995～2014 年）的变化

整体上，当全球变暖 1.5℃、2.0℃和 3.0℃时黄河流域大部分区域特大洪涝持续时间和强度均有所增加。当全球变暖从 1.5℃达到 3.0℃时，黄河流域特大洪涝持续时间将减少，强度将持续增加。由此可见，在全球变暖的大背景下，黄河流域短历时、高强度的特大洪涝将给未来防汛抗洪工作带来更严峻的挑战。当全球变暖从 1.5℃达到 3.0℃时，与基准期相比，黄河流域特大洪涝持续时间和强度变化量分别从 0.4d 下降到–1.8d、14.25%增加到 26.17%。因此，随着全球气候变暖，黄河流域将经历由汛期降水量增加造成的更短历时、更高强度的特大洪涝。

7.3.2　双变量频率分析的洪涝特征变化

本书通过 copula 函数来构建洪涝持续时间和强度的联合分布，应用信息准则（AIC）来选择最佳 copula 函数。表 7-7 显示了黄河流域洪涝持续时间和强度的 copula 函数拟合优度。显然，Clayton copula 对洪涝持续时间和强度的联合分布表现出比其他分布更好的性能。因此，本书使用 Clayton copula 来构建洪涝持续时间和强度的联合分布。

表 7-7　1995～2014 年 CMIP6 模拟的黄河流域 D_{max} 和 S_{max} 的 copula 函数拟合优度评价

copula 函数	统计量	年
Gumbel	RMSE / AIC	0.22/–60.19

续表

copula 函数	统计量	年
Clayton	RMSE / AIC	**0.20/–60.22**
Frank	RMSE / AIC	0.21/–60.20
Gaussian	RMSE / AIC	0.51/–20.56
t	RMSE / AIC	0.75/–7.11

本书通过全球变暖 1.5℃、2.0℃和 3.0℃情景下年洪涝持续时间和强度的边缘分布函数来构建二维 copula 函数。在此基础上，输入基准期中小型洪涝（20 年一遇的洪涝）、大型洪涝（50 年一遇的洪涝）和特大洪涝（100 年一遇的洪涝）的洪涝持续时间和强度极值，以确定当全球变暖 1.5℃、2.0℃和 3.0℃时发生同等规模洪涝持续时间和强度的联合重现期及同现重现期，如图 7-12 所示。

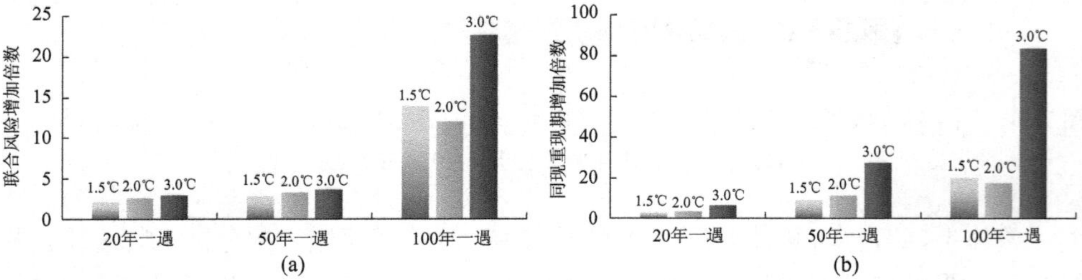

图 7-12　基准期和全球变暖 1.5℃、2.0℃、3.0℃下黄河流域 D_{max} 和 S_{max} 的联合重现期及同现重现期比值

正如预期的那样，随着全球气候变暖，黄河流域同等规模洪涝持续时间和强度的联合重现期及同现重现期将显著缩短，且缩短倍数为特大洪涝>大型洪涝>中小型洪涝，同现重现期>联合重现期。当全球变暖 3.0℃时，与基准期相比，黄河流域特大洪涝持续时间和强度的联合重现期分别提前 22.62 倍，同现重现期提前 83.53 倍。

图 7-13 为全球变暖 1.5℃、2.0℃和 3.0℃下黄河流域特大洪涝持续时间和强度联合概率及同现概率较基准期的变化倍率空间格局。整体上，当全球变暖达到 1.5℃、2.0℃和 3.0℃时，与基准期相比，黄河流域大部分区域特大洪涝持续时间和强度的联合概率及同现概率增加，且同现概率增加幅度大于联合概率。当全球变暖从 1.5℃达到 3.0℃时，黄河流域中游西南部的特大洪涝持续时间和强度的联合概率增幅较大，黄河流域湟水流域、中游西南部的同现概率增幅较大。当全球变暖从 1.5℃达到 3.0℃时，黄河流域特大洪涝持续时间和强度的联合概率变化倍数从 6.73 倍增加到 7.57 倍；同现概率变化倍数从 17.12 倍增加到 26.14 倍。综合

以上分析，在全球变暖的大背景下，不同等级的洪涝均将出现得更加频繁，且洪涝持续时间和强度的同现概率风险增加倍数高于联合概率风险，即复合洪涝风险增加倍数明显大于单变量洪涝风险。

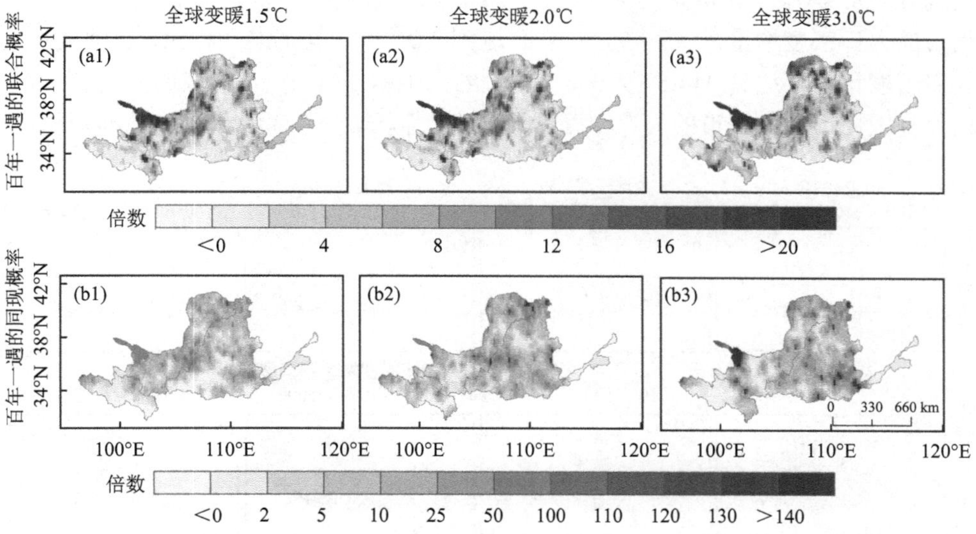

图 7-13　当全球变暖达到 1.5℃、2.0℃和 3.0℃时百年一遇的 D_{max}、S_{max} 联合概率[（a1）～（a3）]和同现概率[（b1）～（b3）]相对于基准期（1995～2014 年）的变化

7.3.3　黄河流域特大洪涝风险评估

1. 全球变暖下黄河流域社会经济变化

本小节定义的特大洪涝风险指人口密度和国内生产总值（GDP）在特大洪涝下的暴露度风险，该指标受人口密度、国内生产总值和洪涝变化共同影响。此外，本书还将基准期内人口密集区（>500 人/km^2）和地均 GDP 近千万亿级别的城市作为主要城市，考虑到黄河流域下游为地上悬河无法汇流，模拟不确定性较大，因此将下游的城市剔除。最后，本书共选择 14 座城市来进行研究，包括呼和浩特市、银川市、乌海市、兰州市、西宁市、德州市、洛阳市、咸阳市、聊城市、太原市、济宁市、焦作市、西安市和郑州市。

图 7-14 是黄河流域人口密度及 GDP 在基准期和全球变暖 1.5℃、2.0℃、3.0℃下的空间分布，黄河流域的人口密集区基本都在中下游区域（如郑州市和西安市等）。当全球变暖 1.5℃和 2.0℃时，与基准期相比，郑州市、太原市和西安市三个省会城市的人口增量最大，这也与未来城市化进程加快，人口向城市迁移相符合；当全球变暖 3.0℃时，黄河流域的人口密度呈现下降趋势，这与目前我国人口出现

负增长相吻合。黄河流域的人口密度在 2030 年以后将开始逐渐减少［图 7-15(a)］，约在 2045 年人口总数将低于基准期，但当全球变暖 1.5℃和 2.0℃时，人口总数仍然多于基准期。当全球变暖 1.5℃时，与基准期相比，黄河流域的人口密度预计将达到 457.85 人/km^2，增量约为 14.82 人/km^2，在选取的主要城市中，太原市和郑州市的人口密度增量最大；当全球变暖达到 2.0℃时，与基准期相比，黄河流域的人口密度预计将达到 444.87 人/km^2，增量约为 1.84 人/km^2，在选取的主要城市中，仍然是太原市和郑州市的人口密度增量最大；当全球变暖 3.0℃时，与基准期相比，

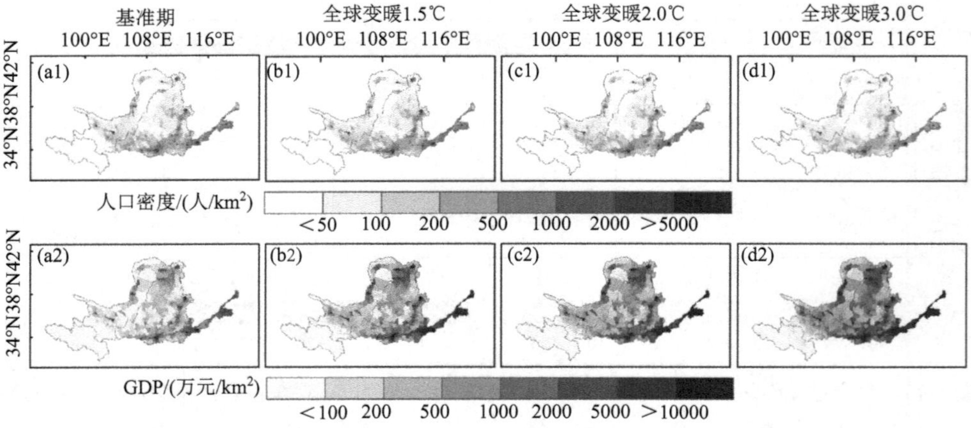

图 7-14　黄河流域人口密度、GDP 在基准期［（a1）、（a2）］和全球变暖 1.5℃［（b1）、（b2）］、2.0℃［（c1）、（c2）］、3.0℃［（d1）、（d2）］的空间分布

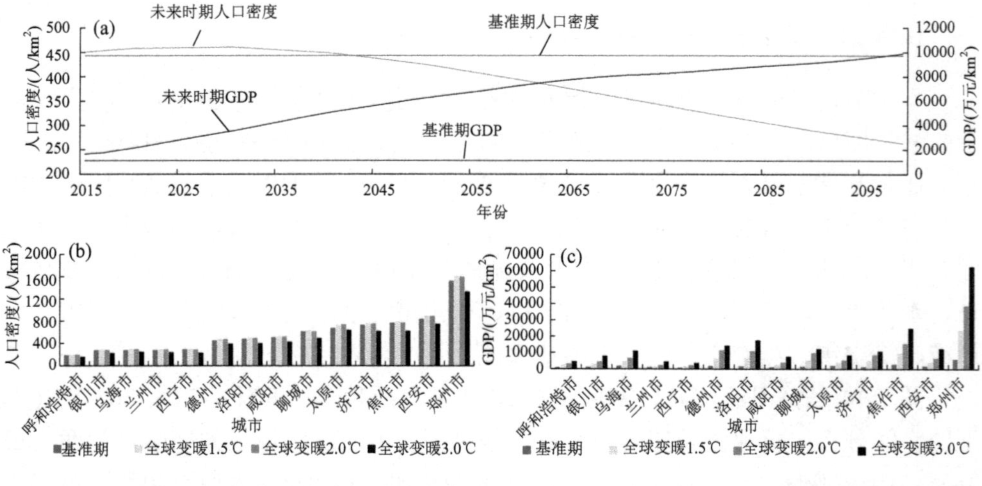

图 7-15　2015～2099 年黄河流域的人口密度和 GDP（a）及全球变暖下的黄河流域主要城市的人口密度（b）和 GDP（c）

黄河流域的人口密度预计将达到 358.87 人/km^2，减少量约为 84.16 人/km^2，在选取的主要城市中，郑州市和焦作市的人口密度减少量最大[图 7-15（b）]。总体而言，当全球变暖 1.5℃和 2.0℃时，绝大多数主要城市人口增加，面临的洪涝风险将高于基准期所面临的风险。

本书对黄河流域地均 GDP 变化做了相应的分析。与人口密度变化不同的是，2015～2099 年黄河流域及主要城市的地均 GDP 将呈现持续增长的态势，且始终高于基准期平均水平，到 2099 年黄河流域地均 GDP 将超过 9884.95 万元/km^2[图 7-15（a）]。在全球变暖的大背景下，主要城市中郑州市和焦作市的 GDP 增量将高于其他主要城市。相较于全球变暖下的人口变化幅度而言，全球变暖下的 GDP 增幅将远高于人口变化幅度。当全球变暖 1.5℃时，与基准期相比，黄河流域 GDP 预计将达到 3202.21 万元/km^2，是基准期的 2.90 倍，在选取的主要城市中 GDP 将超过它们基准期的 1.92～4.05 倍；当全球变暖 2.0℃时，与基准期相比，黄河流域 GDP 预计将达到 5045.63 万元/km^2，是基准期的 4.57 倍，在选取的主要城市中 GDP 将超过它们基准期的 2.70～6.58 倍；当全球变暖 3.0℃时，与基准期相比，黄河流域 GDP 预计将达到 7988.10 万元/km^2，是基准期的 7.23 倍，在选取的主要城市中 GDP 将超过它们基准期的 4.27～10.66 倍[图 7-15（c）]。从 GDP 的空间分布[图 7-14（a2）～（d2）]来看，在全球变暖的大背景下，黄河流域的 GDP 将从以兰州市、西宁市、银川市、呼和浩特市、太原市、西安市和郑州市等省会为核心的中心发展模式，逐渐向以城市群为中心的发展模式。对比基准期，在全球变暖的大背景下，GDP 增幅热点区基本也都在这些城市区域，特别是“中原城市群”。结合当全球变暖 1.5℃、2.0℃和 3.0℃时特大洪涝持续时间和强度的空间分布及增幅可知，黄河流域中下游地区将面临更多的 GDP 和人口暴露于洪涝风险之中。

2. 特大洪涝人口经济暴露度风险

从特大洪涝人口经济暴露度风险的空间分布（图 7-16）可以看出，人口暴露度风险和 GDP 暴露度风险增加的区域基本由特大洪涝持续时间和强度的联合概率变化倍数决定[图 7-13（a1）～（a3）]，黄河流域中下游河南段、中游内蒙古段及湟水流域人口暴露度风险和 GDP 暴露度风险高于其他区域。而人口和 GDP 暴露度风险的高值中心位置则由人口密度和 GDP 密度的分布决定，即人口暴露度风险的热点区与人口密集区相吻合，GDP 暴露度风险的热点区也与地均 GDP 热点区相一致。当全球变暖 1.5℃、2.0℃和 3.0℃时，与基准期相比，黄河流域特大洪涝人口暴露度风险分别增加 11.00 人/km^2、11.79 人/km^2 和 11.03 人/km^2，揭示在全球变暖的大背景下黄河流域人口暴露度风险的总变化不一定随之升高，因为人口暴露度风险变化受人口密度和特大洪涝联合概率共同影响。当全球变暖

1.5℃、2.0℃和 3.0℃时，与基准期相比，黄河流域特大洪涝 GDP 暴露度风险分别增加 102.07 万元/km²、176.23 万元/km² 和 325.32 万元/km²。将黄河流域主要城市的人口和 GDP 暴露度风险与基准期相比（图 7-17）可知，当全球变暖 1.5℃和 2.0℃

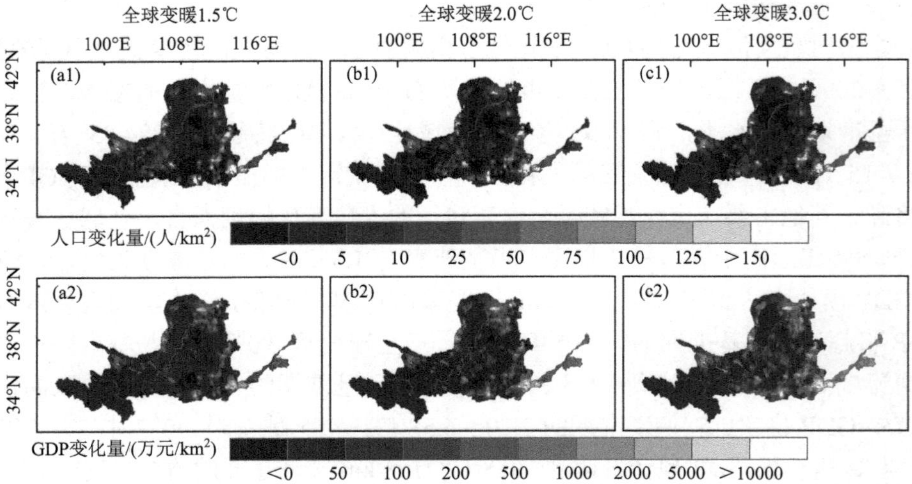

图 7-16　当全球变暖 1.5℃、2.0℃和 3.0℃时特大洪涝人口和 GDP 暴露度风险相对于基准期的变化

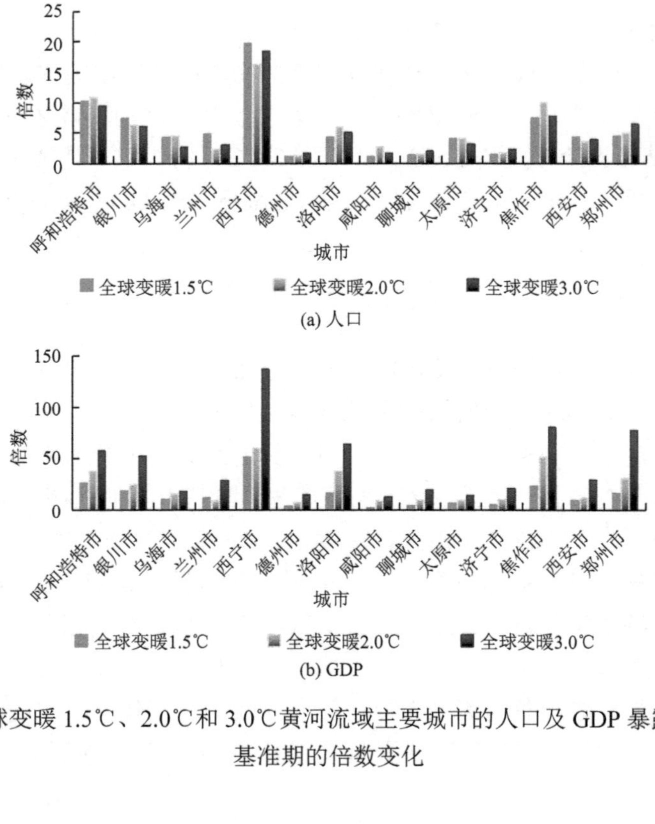

图 7-17　当全球变暖 1.5℃、2.0℃和 3.0℃黄河流域主要城市的人口及 GDP 暴露度风险相对于基准期的倍数变化

和 3.0℃时，可以发现在主要城市中西宁市人口暴露度风险增幅高于其他主要城市，人口暴露度风险将分别增加 19.64 倍、16.23 倍和 18.33 倍，德州市人口暴露度风险增幅低于其他主要城市。在全球变暖背景下，地均 GDP 的增幅远高于人口密度，对应的主要城市 GDP 暴露度风险相对基准期的倍数也远高于人口暴露度风险。与基准期相比，当全球变暖 1.5℃、2.0℃和 3.0℃时，西宁市 GDP 暴露度风险增幅最高，分别达到 51.57 倍、59.71 倍和 136.65 倍。综合来看，在全球变暖的大背景下，西宁市的人口经济暴露度风险变化幅度高于其他主要城市。值得注意的是，目前我国正在推动黄河流域生态保护和高质量发展，中国节能减排的政策也已出台，最终的特大洪涝人口和 GDP 暴露度风险可能低于模拟值，该模拟值可能存在高估的现象。

本书为了揭示人口和地均 GDP 暴露度风险中，气候因子、社会经济因子和它们的共同作用对人口（GDP）暴露度风险变化的影响，进一步对人口（GDP）暴露度进行分解，计算不同成分的贡献率（图 7-18）。从人口暴露度风险贡献率可以看出，气候变化对人口暴露度变化的贡献率占主导地位，且随着全球变暖水平的上升，气候变化的贡献率也在增大。当全球变暖 1.5℃和 2.0℃时，黄河流域的气候变化、人口变化和共同作用对人口暴露度呈现正贡献，气候变化的贡献率均超过 90%，而人口变化和共同作用的贡献率预计不超过 10%，其中当全球变暖 2.0℃时，西宁市的人口变化和共同作用为负贡献。当全球变暖 3.0℃时，黄河流域的气候变化正贡献率超过 199%，人口变化和共同作用的负贡献率预计超过 99%，其中主要城市气候变化正贡献率最大的城市是聊城市，人口变化和共同作用负贡献率最大的城市也是聊城市。因此，在全球变暖的大背景下，在人口暴露度风险相对于基准期的变化中，气候变化占主导地位。然而，地均 GDP 贡献率揭示出相反的结果，当全球变暖 1.5℃、2.0℃和 3.0℃时，黄河流域气候变化、GDP 变化和共同作用对 GDP 暴露度均呈现正贡献，GDP 变化贡献率预估达到 40%以上，共同作用的贡献率达到 30%以上，而气候变化的贡献率不足 30%。这揭示了在全球变暖的大背景下，黄河流域地均 GDP 暴露度风险相对基准期的变化中，GDP 变化贡献率最大，GDP 和气候变化共同作用的贡献率次之，而气候变化的贡献率最低。

由以上研究结果可以发现，随着全球气候变暖，人口呈现先增加后减少的变化趋势，而特大洪涝风险持续增加且增率大，因此气候变化导致整个黄河流域人口暴露度风险增加。对于 GDP 暴露度风险而言，城市化进程的加快和经济持续增长必定带来经济迅速的发展，因此在 GDP 暴露度中地均 GDP 变化占主导地位。

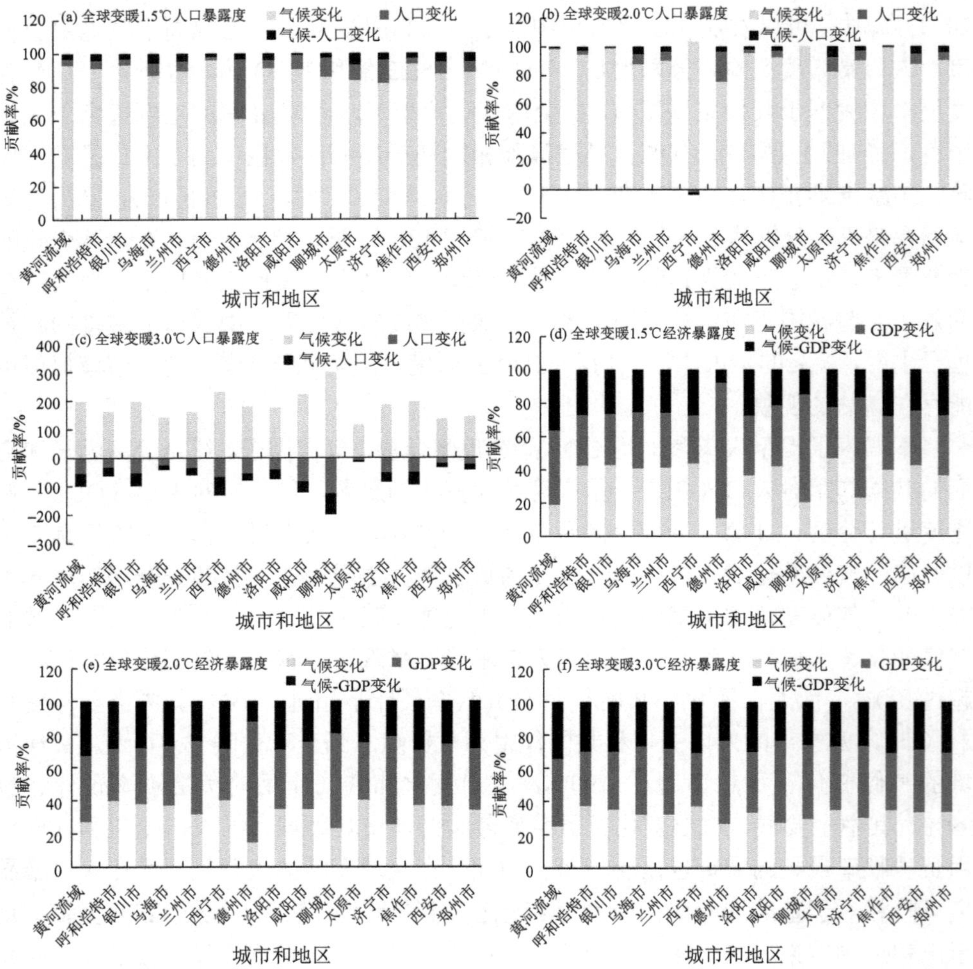

图 7-18　当全球变暖 1.5℃、2.0℃和 3.0℃时黄河流域及主要城市的人口暴露度［（a）～（c）］和 GDP 暴露度［（d）～（f）］的内部贡献率

7.4　小　　结

本章着重评估全球变暖 1.5℃、2.0℃和 3.0℃下的黄河流域洪涝及其风险相较于基准期的变化。首先，在 FLUS 模型精度检验的基础上，基于该模型模拟了全球变暖 1.5℃、2.0℃和 3.0℃情景下的黄河流域 2050 年 LUCC；其次，基于黄河流域 VIC 模型，利用 MME-delta 气候变量和 LUCC 模拟结果，对全球变暖 1.5℃、2.0℃和 3.0℃情景下的黄河流域逐日径流进行预估，并从平均径流和极端径流两个角度，分析全球变暖和 LUCC 共同影响下的黄河流域径流演变规律；最后，基于 copula

函数对单/双变量频率的极端径流变量进行分析，并结合未来人口经济数据，量化暴露于特大洪涝下的人口经济风险及内部贡献率，以期为黄河流域水资源配置及如何应对全球气候变暖下的洪涝风险提供科学依据。本章得到了以下主要结论：

（1）以黄河流域 2010 年 LUCC 数据为基础，利用 FLUS 模型对黄河流域 2020 年的LUCC进行模拟，并对2020年LUCC模拟结果进行验证，其总体精度为0.888，Kappa 系数为 0.836，表明基于 FLUS 模型的 LUCC 模拟与实际 LUCC 较为吻合，该模型可用于黄河流域 LUCC 模拟。

（2）唐乃亥、头道拐和花园口水文站预估结果显示：相较于基准期，当全球变暖 1.5℃、2.0℃和 3.0℃时，黄河源区水资源呈现减少趋势，中下游水资源呈现增加趋势，尤其是在春季，分别增加 15.07%、18.34%和 28.26%。与基准期相比，黄河流域中游洪水持续时间和强度在变暖 1.5℃和 2.0℃时增幅不是最大的，而是头道拐代表的上游增幅最大。此外，当全球变暖 1.5℃、2.0℃和 3.0℃时，与基准期相比，黄河流域中下游洪水持续时间分别增加 16.2d、14.97d 和 32.4d，洪水强度分别增加 57.06%、60.47%和 112.20%。由此可见，随着全球气候变暖，黄河流域中下游将经历由汛期降水量增加造成的更长历时、更高强度的洪水。

（3）随着全球气候变暖，黄河流域特大洪涝持续时间和强度的联合重现期及同现重现期明显缩短，且缩短倍数为特大洪涝>大型洪涝>中小型洪涝，同现重现期>联合重现期。当全球变暖 3.0℃时，与基准期相比，出水口极端径流持续时间和强度的联合重现期提前 22.62 倍，同现重现期提前 83.53 倍。就极端产流而言，当全球变暖 3.0℃时，与基准期相比，黄河流域特大洪涝持续时间和强度的联合概率增加 7.57 倍，同现概率增加 26.14 倍，表明不同等级的洪涝风险均将出现得更加频繁，且洪涝持续时间和强度的同现概率风险增加倍数高于联合概率风险，即复合洪涝风险增加概率明显大于单变量的洪涝风险。

（4）特大洪涝的人口和 GDP 暴露度风险高值中心由人口密度和 GDP 密度的分布决定，主要以城市为中心。当全球变暖 1.5℃、2.0℃和 3.0℃时，与基准期相比，黄河流域特大洪涝人口暴露度风险分别增加 11.00 人/km^2、11.79 人/km^{2}和 11.03 人/km^2，其中西宁市人口暴露度风险增幅高于其他主要城市，人口暴露度风险将分别增加 19.64 倍、16.23 倍和 18.33 倍；特大洪涝 GDP 暴露度风险分别增加 102.07 万元/km^2、176.23 万元/km^2 和 325.32 万元/km^2，其中西宁市 GDP 暴露度风险增幅最高，分别达到 51.57 倍、59.71 倍和 136.65 倍。在人口暴露度风险变化中，气候变化是主导因素，其贡献率预计将超过 90%；当全球变暖 3.0℃时，黄河流域气候变化的正贡献率超过 199%，人口变化和共同作用的负贡献率预计超过 99%。GDP 贡献率揭示出相反的结果，当全球变暖 1.5℃、2.0℃和 3.0℃时，黄河流域气候变化、GDP 变化和共同作用对 GDP 暴露度变化均呈现正贡献，GDP 变化贡献率最大，GDP 和气候变化共同作用的贡献率次之，而气候变化的贡献率最低。

参 考 文 献

摆万奇, 赵士洞, 2001. 土地利用变化驱动力系统分析[J]. 资源科学, 23(3): 39-41.

曹灿, 孙瑞, 吴志祥, 等, 2022. 基于SWAT模型的南渡江流域土地利用/覆被变化的径流响应[J]. 水土保持研究, 29(4): 167-175.

曹丽娟, 董文杰, 张勇, 2013. 未来气候变化对黄河和长江流域极端径流影响的预估研究[J]. 大气科学, 37(3): 634-644.

陈利群, 刘昌明, 郝芳华, 等, 2006. 黄河源区气候对径流的影响分析[J]. 地学前缘, 13(5): 321-329.

陈亮, 2011. 基于区域气候模式和VIC模型的黑河流域陆气相互作用研究[D]. 兰州: 兰州大学.

丁晓彤, 孙文义, 穆兴民, 等, 2023. 多源土地利用/覆被产品在黄土高原应用和精度评估[J]. 水土保持研究, 30(2): 201-210.

丁裕国, 郑春雨, 申红艳, 2008. 极端气候变化的研究进展[J]. 沙漠与绿洲气象, 2(6): 1-5.

管晓祥, 金君良, 黄爱明, 等, 2019. 黄河流域典型流域水文气象变化与径流过程模拟[J]. 水利水运工程学报, (5): 36-43.

姬广兴, 2020. 未来气候变化下黄河流域径流变化及旱涝灾害动态的地理计算[D]. 上海: 华东师范大学.

景可, 焦菊英, 2011. 水土保持措施与效益评价研究: 以陕北安塞县为例[J]. 水土保持研究, 18(1): 132-136.

赖夏华, 赵小敏, 郭熙, 等, 2018. 农村宅基地使用权流转价格评估研究[J]. 土壤通报, 49(5): 1054-1059.

兰恒星, 彭建兵, 祝艳波, 等, 2022. 黄河流域地质地表过程与重大灾害效应研究与展望[J]. 中国科学(地球科学), 52(2): 199-221.

黎云云, 畅建霞, 王义民, 等, 2020. 基于CA-Markov模型的黄河流域土地利用模拟预测研究[J]. 西北农林科技大学学报(自然科学版), 48(12): 107-116.

李东, 蒋秀华, 王玉明, 等, 2001. 黄河流域天然径流量计算解析[J]. 人民黄河, 23(2): 35-37.

李华书, 宋全勇, 朱晓梅, 等, 2013. 利用对数 P-III型频率曲线计算中小河流设计洪峰流量[J]. 水电与新能源, (5): 45-47.

李佳瑞, 牛自耕, 冯岚, 等, 2020. CMIP5模式对长江和黄河流域极端气温指标的模拟与预估[J]. 地球科学, 45(6): 1887-1904.

梁鹏飞, 李宗杰, 辛惠娟, 等, 2022a. 黄河源区径流变化特征及影响因素研究[J]. 水资源与水工程学报, 33(4): 64-71.

梁鹏飞, 辛惠娟, 李宗省, 等, 2022b. 祁连山黑河径流变化特征及影响因素研究[J]. 干旱区地理, 45(5): 1460-1471.

刘海, 刘凤, 郑粮, 2021. 气候变化及人类活动对黄河流域植被覆盖变化的影响[J]. 水土保持学报, 35(4): 143-151.

刘金平, 任艳群, 张万昌, 等, 2022. 雅鲁藏布江流域气候和下垫面变化对径流的影响研究[J]. 冰川冻土, 44(1): 275-287.

刘谦, 2004. VIC 大尺度陆面水文模型在中国区域的应用[D]. 长沙: 湖南大学.

刘勤, 严昌荣, 张燕卿, 等, 2012. 近 50 年黄河流域气温和降水量变化特征分析[J]. 中国农业气象, 33(4): 475-480.

马建琴, 和鹏飞, 彭高辉, 等, 2017. 基于三维 Copula 函数的沙颍河流域水文干旱频率分析[J]. 灌溉排水学报, 36(9): 102-107.

马伟东, 刘峰贵, 周强, 等, 2020. 1961—2017 年青藏高原极端降水特征分析[J]. 自然资源学报, 35(12): 3039-3050.

苗书玲, 曹艳萍, 李晴晴, 2022. 1951—2019 年黄河流域极端气候事件时空变化规律分析[J]. 河南大学学报(自然科学版), 52(4): 416-429.

潘攀, 祝亚丽, 王纪军, 2014. 近 50 年黄河流域气温变化特征及背景分析[J]. 气候与环境研究, 19(4): 477-485.

秦埼瑞, 李雪梅, 陈庆伟, 等, 2019. 基于 FLUS 模型的天山山区未来土地利用变化预估[J]. 干旱区研究, 36(5): 1270-1279.

慎璐璐, 杨艳芬, 吴晶, 等, 2022. 黄河流域极端气候事件时空变化规律[J]. 水土保持研究, 29(2): 231-242.

宋松柏, 蔡焕杰, 金菊良, 等, 2012. Copulas 函数及其在水文中的应用[M]. 北京: 科学出版社.

孙凡博, 余凤, 赵春子, 2019. 图们江干流流域气候因素对径流影响变化分析[J]. 安徽农业科学, 47(21): 1-4.

孙赫, 苏凤阁, 2020. 雅鲁藏布江流域多源降水产品评估及其在水文模拟中的应用[J]. 地理科学进展, 39(7): 1126-1139.

孙思奥, 汤秋鸿, 2020. 黄河流域水资源利用时空演变特征及驱动要素[J]. 资源科学, 42(12): 2261-2273.

唐国华, 胡振鹏, 2017. 气候变化背景下鄱阳湖流域历史水旱灾害变化特征[J]. 长江流域资源与环境, 26(8): 1274-1283.

田晶, 郭生练, 刘德地, 等, 2020. 气候与土地利用变化对汉江流域径流的影响[J]. 地理学报, 75(11): 2307-2318.

王澄海, 杨金涛, 杨凯, 等, 2022. 过去近 60 a 黄河流域降水时空变化特征及未来 30 a 变化趋势[J]. 干旱区研究, 39(3): 708-722.

王胜杰, 赵国强, 王旻燕, 等, 2021. 1961—2020 年黄河流域气候变化特征研究[J]. 气象与环境科学, 44(6): 1-8.

王一冰, 谢先红, 施建成, 等, 2021. 多源降水数据驱动下青藏高原径流集合模拟[J]. 科学通报, 66(32): 4169-4186.

邬晓丹, 罗敏, 孟凡浩, 等, 2022. 气候暖湿化背景下新疆极端气候事件时空演变特征分析[J]. 干旱区研究, 39(6): 1695-1705.

解晗, 同小娟, 李俊, 等, 2022. 2000—2018 年黄河流域生长季植被指数变化及其对气候因子的响应[J]. 生态学报, 42(11): 4536-4549.

徐宗学, 姜瑶, 2022. 变化环境下的径流演变与影响研究: 回顾与展望[J]. 水利水运工程学报, (1): 9-18.

张会言, 杨立彬, 张新海, 2013. 黄河流域经济社会发展指标分析[J]. 人民黄河, 35(10): 11-13.

张鑫辉, 宋小燕, 赵玲玲, 等, 2022. 华南中小流域洪水频率计算方法及其对频率曲线拟合的影响[J]. 水电能源科学, 40(8): 74-78.

赵芳芳, 徐宗学, 2007. 统计降尺度方法和 Delta 方法建立黄河源区气候情景的比较分析[J]. 气象学报, 65(4): 653-662.

赵慧霞, 卓莹莹, 刘厚凤, 2022. 1961—2019 年黄河流域降水量时空变化特征分析[J]. 人民黄河, 44(3): 26-31.

周丹, 张勃, 安美玲, 等, 2015. 黄河流域不同时间尺度干旱对 ENSO 事件的响应[J]. 中国沙漠, 35(3): 753-762.

Aloysius N R, Sheffield J, Saiers J E, et al., 2016. Evaluation of historical and future simulations of precipitation and temperature in central Africa from CMIP5 climate models[J]. Journal of Geophysical Research: Atmospheres, 121(1): 130-152.

Ashouri H, Hsu K L, Sorooshian S, et al., 2015. PERSIANN-CDR: Daily precipitation climate data record from multisatellite observations for hydrological and climate studies[J]. Bulletin of the American Meteorological Society, 96(1): 69-83.

Bin L L, Xu K, Xu X Y, et al., 2018. Development of a landscape indicator to evaluate the effect of landscape pattern on surface runoff in the Haihe River Basin[J]. Journal of Hydrology, 566: 546-557.

Bracegirdle T J, Stephenson D B, Turner J, et al., 2015. The importance of sea ice area biases in 21st century multimodel projections of Antarctic temperature and precipitation[J]. Geophysical Research Letters, 42(24): 10832-10839.

Chen H P, Sun J Q, 2019. Increased population exposure to extreme droughts in China due to 0.5℃ of additional warming[J]. Environmental Research Letters, 14(6): 064011.

Chen J, Shi X Y, Gu L, et al., 2023. Impacts of climate warming on global floods and their implication to current flood defense standards[J]. Journal of Hydrology, 618: 129236.

Chouaib W, Caissie D, 2021. Regional disparities in water availability and low flow conditions in rivers across Canada[J]. Journal of Hydrology, 598: 126195.

Cosby B J, Hornberger G M, Clapp R B, et al., 1984. A statistical exploration of the relationships of soil moisture characteristics to the physical properties of soils[J]. Water Resources Research, 20(6): 682-690.

Donat M G, Lowry A L, Alexander L V, et al., 2016. More extreme precipitation in the world's dry and wet regions[J]. Nature Climate Change, 6: 508-513.

Fan Z M, 2022. Simulation of land-cover change in Jing-Jin-Ji region under different scenarios of SSP-RCP[J]. Journal of Geographical Sciences, 32(3): 421-440.

Fan Z M, Bai X Y, 2021. Scenarios of potential vegetation distribution in the different gradient zones of Qinghai-Tibet Plateau under future climate change[J]. Science of the Total Environment, 796: 148918.

Fan Z M, Bai R Y, Yue T X, 2020. Scenarios of land cover in Eurasia under climate change[J]. Journal of Geographical Sciences, 30(1): 3-17.

Fan Z M, Li J, Yue T X, et al., 2015. Scenarios of land cover in karst area of Southwestern China[J]. Environmental Earth Sciences, 74(8): 6407-6420.

Fu B J, Wang S, Liu Y, et al., 2017. Hydrogeomorphic ecosystem responses to natural and anthropogenic changes in the loess plateau of China[J]. Annual Review of Earth and Planetary Sciences, 45: 223-243.

Funk C, Peterson P, Landsfeld M, et al., 2015. The climate hazards infrared precipitation with stations: A new environmental record for monitoring extremes[J]. Scientific Data, 2: 150066.

Gao T, Wang H L, 2017. Trends in precipitation extremes over the Yellow River Basin in North China: Changing properties and causes[J]. Hydrological Processes, 31(13): 2412-2428.

Han R C, Li Z L, Li Z J, et al., 2021. Spatial-temporal assessment of historical and future meteorological droughts in China[J]. Atmosphere, 12(6): 787.

Hay L E, Wilby R L, Leavesley G H, 2000. A comparison of delta change and downscaled GCM scenarios for three mountainous basins in the United States[J]. Journal of the American Water Resources Association, 36(2): 387-397.

Hersbach H, Bell B, Berrisford P, et al., 2020. The ERA5 global reanalysis[J]. Quarterly Journal of the Royal Meteorological Society, 146(730): 1999-2049.

Hirabayashi Y, Tanoue M, Sasaki O, et al., 2021. Global exposure to flooding from the new CMIP6 climate model projections[J]. Scientific Reports, 11: 3740.

Hu J Y, Wu Y P, Sun P C, et al., 2022. Predicting long-term hydrological change caused by climate shifting in the 21st century in the headwater area of the Yellow River Basin[J]. Stochastic Environmental Research and Risk Assessment, 36(6): 1651-1668.

Huang J L, Qin D H, Jiang T, et al., 2019. Effect of fertility policy changes on the population structure and economy of China: From the perspective of the shared socioeconomic pathways[J]. Earth's Future, 7(3): 250-265.

Huffman G J, 1997. Estimates of root-mean-square random error for finite samples of estimated precipitation[J]. Journal of Applied Meteorology, 36(9): 1191-1201.

Huffman G J, Bolvin D T, Braithwaite D, et al., 2014. Algorithm Theoretical Basis Document (ATBD) version 4.4 for the NASA Global Precipitation Measurement (GPM) Integrated Multi-satellite Retrievals for GPM (IMERG)[G]. NASA/GSFC Code, 612: 1-26.

Ji G X, Lai Z Z, Xia H B, et al., 2021. Future runoff variation and flood disaster prediction of the Yellow River Basin based on CA-Markov and SWAT[J]. Land, 10(4): 421.

Jing C, Tao H, Jiang T, et al., 2020. Population, urbanization and economic scenarios over the Belt and Road region under the shared socioeconomic pathways[J]. Journal of Geographical Sciences,

30(1): 68-84.

Jones B, O'Neill B C, McDaniel L, et al., 2015. Future population exposure to US heat extremes[J]. Nature Climate Change, 5: 652-655.

Li X, Chen G Z, Liu X P, et al., 2017. A new global land-use and land-cover change product at a 1-km resolution for 2010 to 2100 based on human–environment interactions[J]. Annals of the American Association of Geographers, 107(5): 1040-1059.

Li Y Z, Tong S Q, Bao Y B, et al., 2020. Prediction of droughts in the Mongolian Plateau based on the CMIP5 model[J]. Water, 12(10): 2774.

Liang X, Lettenmaier D P, Wood E F, et al., 1994. A simple hydrologically based model of land surface water and energy fluxes for general circulation models[J]. Journal of Geophysical Research: Atmospheres, 99(D7): 14415-14428.

Liao W L, Liu X P, Xu X Y, et al., 2020. Projections of land use changes under the plant functional type classification in different SSP-RCP scenarios in China[J]. Science Bulletin, 65(22): 1935-1947.

Liu L, Gao C, Xuan W D, et al., 2017. Evaluation of medium-range ensemble flood forecasting based on calibration strategies and ensemble methods in Lanjiang Basin, Southeast China[J]. Journal of Hydrology, 554: 233-250.

Liu W B, Yang T, Sun F B, et al., 2021. Observation-constrained projection of global flood magnitudes with anthropogenic warming[J]. Water Resources Research, 57(3): e2020WR 028830.

Liu Y J, Chen J, Pan T, et al., 2020. Global socioeconomic risk of precipitation extremes under climate change[J]. Earth's Future, 8(9): e2019EF001331.

Ma M W, Ren L L, Singh V P, et al., 2016. Hydrologic model-based Palmer indices for drought characterization in the Yellow River Basin, China[J]. Stochastic Environmental Research and Risk Assessment, 30(5): 1401-1420.

Ma Z C, Sun P, Zhang Q, et al., 2022. The characteristics and evaluation of future droughts across China through the CMIP6 multi-model ensemble[J]. Remote Sensing, 14(5): 1097.

Ma Z C, Yao R, Sun P, et al., 2023. Quantitative evaluation of runoff simulation and its driving forces based on hydrological model and multisource precipitation fusion[J]. Land, 12(3): 636.

Nangombe S, Zhou T J, Zhang W X, et al., 2018. Record-breaking climate extremes in Africa under stabilized 1.5 ℃ and 2 ℃ global warming scenarios[J]. Nature Climate Change, 8: 375-380.

Nijssen B, Schnur R, Lettenmaier D P, 2001. Global retrospective estimation of soil moisture using the variable infiltration capacity land surface model, 1980–93[J]. Journal of Climate, 14(8): 1790-1808.

Pan C G, Kirchner P B, Kimball J S, et al., 2021. Snow phenology and hydrologic timing in the Yukon River Basin, AK, USA[J]. Remote Sensing, 13(12): 2284.

Peng S Z, Ding Y X, Wen Z M, et al., 2017. Spatiotemporal change and trend analysis of potential evapotranspiration over the loess plateau of China during 2011–2100[J]. Agricultural and Forest

Meteorology, 233: 183-194.

Popp A, Calvin K, Fujimori S, et al., 2017. Land-use futures in the shared socio-economic pathways [J]. Global Environmental Change, 42: 331-345.

Shen Y, Xiong A Y, Hong Y, et al., 2014. Uncertainty analysis of five satellite-based precipitation products and evaluation of three optimally merged multi-algorithm products over the Tibetan Plateau[J]. International Journal of Remote Sensing, 35(19): 6843-6858.

Tian S M, Wang W H, Xie B F, et al., 2016. Fluvial processes of the downstream reaches of the reservoirs in the Lower Yellow River[J]. Journal of Geographical Sciences, 26(9): 1321-1336.

Wang G, Zhang Q, Yu H Q, et al., 2020a. Double increase in precipitation extremes across China in a 1.5℃/2.0℃ warmer climate[J]. The Science of the Total Environment, 746: 140807.

Wang W, Zhang Y Y, Tang Q H, 2020b. Impact assessment of climate change and human activities on streamflow signatures in the Yellow River Basin using the Budyko hypothesis and derived differential equation[J]. Journal of Hydrology, 591: 125460.

Wang X J, Chen D L, Pang G J, et al., 2021. Historical and future climates over the upper and middle reaches of the Yellow River Basin simulated by a regional climate model in CORDEX[J]. Climate Dynamics, 56(9): 2749-2771.

Wei S, Dai Y, Liu B, et al., 2013. A China data set of soil properties for land surface modeling[J]. Journal of Advanced in Modeling Earth System, 5(2): 212-224.

Wen S S, Wang A Q, Tao H, et al., 2019. Population exposed to drought under the 1.5 ℃ and 2.0 ℃ warming in the Indus River Basin[J]. Atmospheric Research, 218: 296-305.

Wieder W R, Boehnert J, 2014. Regridded Harmonized World Soil Database v1.2. Oak Ridge: Oak Ridge National Laboratory Distributed Active Archive Center.

Wood E F, Lettenmaier D P, Zartarian V G, 1992. A land-surface hydrology parameterization with subgrid variability for general circulation models[J]. Journal of Geophysical Research: Atmospheres, 97(D3): 2717-2728.

Xie P P, Chen M Y, Yang S, et al., 2007. A gauge-based analysis of daily precipitation over East Asia[J]. Journal of Hydrometeorology, 8(3): 607-626.

Xie Z H, Su F G, Liang X, et al., 2003. Applications of a surface runoff model with horton and Dunne runoff for VIC[J]. Advances in Atmospheric Sciences, 20(2): 165-172.

Yang T, Xu C Y, Shao Q X, et al., 2010. Temporal and spatial patterns of low-flow changes in the Yellow River in the last half century[J]. Stochastic Environmental Research and Risk Assessment, 24(2): 297-309.

Yue T X, Fan Z M, Liu J Y, 2007. Scenarios of land cover in China[J]. Global and Planetary Change, 55(4): 317-342.

Yue T X, Zhao N, Liu Y, et al., 2020. A fundamental theorem for eco-environmental surface modelling and its applications[J]. Science China Earth Sciences, 63(8): 1092-1112.

Zhang G W, Zeng G, Yang X Y, et al., 2021a. Future changes in extreme high temperature over China at 1.5℃–5℃ global warming based on CMIP6 simulations[J]. Advances in Atmospheric

Sciences, 38(2): 253-267.

Zhang H, Wang B, Liu D L, et al., 2020. Using an improved SWAT model to simulate hydrological responses to land use change: A case study of a catchment in tropical Australia[J]. Journal of Hydrology, 585: 124822.

Zhang H W, Xu W, Xu X T, et al., 2017. Responses of streamflow to climate change and human activities in a river basin, Northeast China[J]. Advances in Meteorology, 2017: 1023821.

Zhang Q, Xu C Y, Yang T, 2009. Variability of water resource in the Yellow River Basin of past 50 years, China[J]. Water Resources Management, 23(6): 1157-1170.

Zhang Q, Zhang Z J, Shi P J, et al., 2018. Evaluation of ecological instream flow considering hydrological alterations in the Yellow River Basin, China[J]. Global and Planetary Change, 160: 61-74.

Zhang Y Q, Ryu D, Zheng D H, 2021b. Using remote sensing techniques to improve hydrological predictions in a rapidly changing world[J]. Remote Sensing, 13(19): 3865.

Zhao S Y, Zhou T J, Chen X L, 2020. Consistency of extreme temperature changes in China under a historical half-degree warming increment across different reanalysis and observational datasets[J]. Climate Dynamics, 54(3): 2465-2479.

Zhu B W, Xie X H, Lu C Y, et al., 2021. Extensive evaluation of a continental-scale high-resolution hydrological model using remote sensing and ground-based observations[J]. Remote Sensing, 13(7): 1247.

Zou Y F, Sun P, Ma Z C, et al., 2022. Snow cover in the three stable snow cover areas of China and spatio-temporal patterns of the future[J]. Remote Sensing, 14(13): 3098.